3.1415926535897932384626433832795028841971693993751058209749
44592307816406286208998628034825342117067982148086513282306
64709384460955058223172535940812848111745028410270193852110
55596446229489549303819644288109756659334461284756482337867
83165271201909145648566923460348610454326648213393607260249
14127372458700660631558817488152092096282925409171536436789
25903600113305305488204665213841469519415116094330572703657
59591953092186117381932611793105118548074462379962749567351
88575272489122793818301194912983367336244065664308602139494
63952247371907021798609437027705392171762931767523846748184
67669405132000568127145263560827785771342757789609173637178
72146844090122495343014654958537105079227968925892354201995
61121290219608640344181598136297747713099605187072113499999
98372978049951059731732816096318595024459455346908302642522
30825334468503526193118817101000313783875288658753320838142
06171776691473035982534904287554687311595628638823537875937
51957781857780532171226806613001927876611195909216420198938
09525720106548586327886593615338182796823030195203530185296
89957736225994138912497217752834791315155748572424541506959
50829533116861727855889075098381754637464939319255060400927
70167113900984882401285836160356370766010471018194295559619
89467678374494482553797747268471040475346462080466842590694
91293313677028989152104752162056966024058038150193511253382
43003558764024749647326391419927260426992279678235478163600
93417216412199245863150302861829745557067498385054945885869
26995690927210797509302955321165344987202755960236480665499
11988183479775356636980742654252786255181841757467289097777
27938000816470600161452491921732172147723501414419735685481
61361157352552133475741849468438523323907394143334547762416
86251898356948556209921922218427255025425688767179049460165
34668049886272327917860857843838279679766814541009538837863
60950680064225125205117392984896084128488626945604241965285
02221066118630674427862203919494504712371378696095636437191
72874677646575739624138908658326459958133904780275900994657
64078951269468398352595709825822620522489407726719478268482
60147699090264013639443745530506820349625245174939965143142
98091906592509372216964615157098583874105978859597729754989

301617539284681382686838689427741559918559252459539594310 49
972524680845987273644695848653836736222626099124608051243 88
439045124413654976278079771569143599770012961608944169486 85
558484063534220722258284886481584560285060168427394522674 67
678895252138522549954666727823986456596116354886230577456 49
803559363456817432411251507606947945109659609402522887971 08
931456691368672287489405601015033086179286809208747609178 24
938589009714909675985261365549781893129784821682998948722 65
880485756401427047755513237964145152374623436454285844479 52
658678210511413547357395231134271661021359695362314429524 84
937187110145765403590279934403742007310578539062198387447 80
847848968332144571386875194350643021845319104848100537061 46
806749192781911979399520614196634287544406437451237181921 79
998391015919561814675142691239748940907186494231961567945 20
809514655022523160388193014209376213785595663893778708303 90
697920773467221825625996615014215030680384477345492026054 14
665925201497442850732518666002132434088190710486331734649 65
145390579626856100550810665879699816357473638405257145910 28
970641401109712062804390397595156771577004203378699360072 30
558763176359421873125147120532928191826186125867321579198 41
484882916447060957527069572209175671167229109816909152801 73
506712748583222871835209353965725121083579151369882091444 21
006751033467110314126711136990865851639831501970165151168 51
714376576183515565088490998985998238734552833163550764791 85
358932261854896321329330898570642046752590709154814165498 59
461637180270981994309924488957571282890592323326097299712 08
443357326548938239119325974636673058360414281388303203824 90
375898524374417029132765618093773444030707469211201913020 33
038019762110110044929321516084244485963766983895228684783 12
355265821314495768572624334418930396864262434107732269780 28
073189154411010446823252716201052652272111660396665573092 54
711055785376346682065310989652691862056476931257058635662 01
855810072936065987648611791045334885034611365768675324944 16
680396265797877185560845529654126654085306143444318586769 75
145661406800700237877659134401712749470420562230538994561 31
407112700040785473326993908145466464588079727082668306343 28
587856983052358089330657574067954571637752542021149557615 81

40025012622859413021647155097925923099079654737612551765675
13575178296664547791745011299614890304639947132962107340437

23282789212507712629463229563989898935821167456270102183564
62201349671518819097303811980049734072396103685406643193950
97901906996395524530054505806855019567302292191393391856803
44903982059551002263535361920419947455385938102343955449597
78377902374216172711172364343543947822181852862408514006660
44332588856986705431547069657474585503323233421073015459405
16553790686627333799585115625784322988273723198987571415957
81119635833005940873068121602876496286744604774649159950549
73742562690104903778198683593814657412680492564879855614537
23478673303904688383436346553794986419270563872931748723320
83760112302991136793862708943879936201629515413371424892830
72201269014754668476535761647737946752004907571555278196536
21323926406160136358155907422020203187277605277219005561484
25551879253034351398442532234157623361064250639049750086562
71095359194658975141310348227693062474353632569160781547818
11528436679570611086153315044521274739245449454236828860613
40841486377670096120715124914043027253860764823634143346235
18975766452164137679690314950191085759844239198629164219399
49072362346468441173940326591840443780513338945257423995082
96591228508555821572503107125701266830240292952522011872676
75622041542051618416348475651699981161410100299607838690929
16030288400269104140792886215078424516709087000699282120660
41837180653556725253256753286129104248776182582976515795984
70356222629348600341587229805349896502262917487882027342092
22245339856264766914905562842503912757710284027998066365825
48892648802545661017296702664076559042909945681506526530537
18294127033693137851786090407086671149655834343476933857817
11386455873678123014587687126603489139095620099393610310291
61615288138437909904231747336394804575931493140529763475748
11935670911013775172100803155902485309066920376719220332290
94334676851422144773793937517034436619910403375111735471918
55046449026365512816228824462575916333039107225383742182140
88350865739177150968288747826569959957449066175834413752239
70968340800535598491754173818839994469748676265516582765848
35884531427756879002909517028352971634456212964043523117600
66510124120065975585127617858382920419748442360800719304576
18932349229279650198751872127267507981255470958904556357921

2210333466974992356302549478024901141952123828153091140790 7
386025152274299581807247162591668545133312394804947079119 15

54626246297070625948455690347119729964090894180595343932512
36235508134949004364278527138315912568989295196427287573946
91427253436694153236100453730488198551706594121735246258954
87301676002988659257866285612496655235338294287854253404830
83307016537228563559152534784459818313411290019992059813522
05117336585640782648494276441137639386692480311836445369858
91754426473998822846218449008777697763127957226726555625962
82542765318300134070922334365779160128093179401718598599933
84923549564005709955856113498025249906698423301735035804408
11685526531170995708994273287092584878944364600504108922669
17835258707859512983441729535195378855345737426085902908176
51557803905946408735061232261120093731080485485263572282576
82034160504846627750450031262008007998049254853469414697751
64932709504934639382432227188515974054702148289711177792376
12257887347718819682546298126868581705074027255026332904497
62778944236216741191862694396506715157795867564823993917604
26017633870454990176143641204692182370764887834196896861181
55815873606293860381017121585527266830082383404656475880405
13808016336388742163714064354955618689641122821407533026551
00424104896783528588290243670904887118190909494533144218287
66181031007354770549815968077200947469613436092861484941785
01718077930681085469000944589952794243981392135055864221964
83491512639012803832001097738680662877923971801461343244572
64009737425700735921003154150893679300816998053652027600727
74967458400283624053460372634165542590276018348403068113818
55105979705664007509426087885735796037324514146786703688098
80609716425849759513806930944940151542222194329130217391253
83559150310033303251117491569691745027149433151558854039221
64097229101129035521815762823283182342548326111912800928252
56190205263016391147724733148573910777587442538761174657867
11694147764214411112635835538713610110232679877564102468240
32264834641766369806637857681349204530224081972785647198396
30878154322116691224641591177673225326433568614618654522268
12688726844596844241610785401676814208088502800541436131462
30821025941737562389942075713627516745731891894562835257044
13354375857534269869947254703165661399199968262824727064133
62221789239031760854289437339356188916512504244040089527198

37873864805847268954624388234375178852014395600571048119498
84239060613695734231559079670346149143447886360410318235073
65027785908975782727313050488939890099239135033732508559826
55867089242612429473670193907727130706869170926462548423240
74855036608013604668951184009366860954632500214585293095000
09071510582362672932645373821049387249966993394246855164832
61134146110680267446637334375340764294026682973865220935701
62638464852851490362932019919968828517183953669134522244470
80459239660281715655156566611135982311225062890585491450971
57553900243931535190902107119457300243880176615035270862602
53788179751947806101371500448991721002220133501310601639154
15895780371177927752259787428919179155224171895853616805947
41234193398420218745649256443462392531953135103311476394911
99507285843065836193536932969928983791494193940608572486396
88369032655643642166442576079147108699843157337496488352927
69328220762947282381537409961545598798259891093717126218283
02584811238901196822142945766758071865380650648702613389282
29949725745303328389638184394477077940228435988341003583854
23897354243956475556840952248445541392394100016207693636846
77641301781965937997155746854194633489374843912974239143365
93604100352343777065888677811394986164787471407932638587386
24732889645643598774667638479466504074111825658378878454858
14896296127399841344272608606187245545236064315371011274680
97787044640947582803487697589483282412392929605829486191966
70918958089833201210318430340128495116203534280144127617285
83024355983003204202451207287253558119584014918096925339507
57784000674655260314461670508276827722235341911026341631571
47406123850425845988419907611287258059113935689601431668283
17632356732541707342081733223046298799280490851409479036887
86878949305469557030726190095020764334933591060245450864536
28935456862958531315337183868265617862273637169757741830239
86006591481616404944965011732131389574706208847480236537103
11508984279927544268532779743113951435741722197597993596852
52285745263796289612691572357986620573408375766873884266405
99099350500081337543245463596750484423528487470144354541957
62584735642161981340734685411176688311865448937769795665172
79662326714810338643913751865946730024434500544995399742372

3287124948347060440634716063258306498297955101095418362350 3
0309453097335834462839476304775645015008507578949548931393 9
4489921612552559770143685894358587752637962559708167764380 0
1254365023714127834679261019955852247172201777237004178084 1
9423948725406801556035998390548985723546745642390585850216 7
1903139526294455439131663134530893906204678438778505423939 0
5247313620129476918749751910114723152893267725339181466073 0
0089027768963114810902209724520759167297007850580717186381 0
5496797310016787085069420709223290807038326345345203802786 0
9905569001341371823683709919495164896007550493412678764367 4
6384902063964019766685592335654639138363185745698147196210 8
4108096188460545603903845534372914144651347494078488442377 2
1751543342603066988317683310011331086904219390310801437843 3
4151370924353013677631084913516156422698475074303297167469 6
4066653152703532546711266752246055119958183196376370761799 1
9192035795820075956053023462677579439363074630569010801149 4
2714100939136913810725813781357894005599500183542511841721 3
6055727522103526803735726527922417373605751127887218190844 9
0061780138897107708229310027976659358387589093956881485602 6
3224393726562472776037890814458837855019702843779362407825 0
5270487581647032458129087839523245323789602984166922548964 9
7156069811921865849267704039564812781021799132174163058105 5
4598801300484562997651121241536374515005635070127815926714 2
4134210330156616535602473380784302865525722275304999883701 5
3487930080626018096238151613669033411113865385109193673938 3
5229345888322550887064507539473952043968079067086806445096 9
8654880168287434378612645381583428075306184548590379821799 4
5996811544197425363443996029025100158882721647450068207041 9
3761584547123183460072629339550548239557137256840232268213 0
1247679452264482091023564775272308208106351889915269288910 8
4555711266039650343978962782500161101532351605196559042118 4
4949907789992007329476905868577878720982901352956613978884 8
6050978608595701773129815531495168146717695976099421003618 3
5591387778176984587581044662839988060061622984861693533738 6
5787735983361613384133853684211978938900185295691967804554 4
8285848370117096721253533875862158231013310387766827211572 6
9495181795897546939926421979155233857662316762754757035469 9

41489290413018638611943919628388705436777432242768091323654
49485366768000001065262485473055861598999140170769838548318
87501429389089950685453076511680333732226517566220752695179
14422528081651716677667279303548515420402381746089232839170
32754257508676551178593950027933895920576682789677644531840
40418554010435134838953120132637836928358082719378312654961
74599705674507183320650345566440344904536275600112501843356
07361222765949278393706478426456763388188075656121689605041
61139039063960162022153684941092605387688714837989559999112
09916464644119185682770045742434340216722764455893301277815
86869525069499364610175685060167145354315814801054588605645
50133203758645485840324029871709348091055621167154684847780
39447569798042631809917564228098739987669732376957370158080
68229045992123661689025962730430679316531149401764737693873
51409336183321614280214976339918983548487562529875242387307
75595559554651963944018218409984124898262367377146722606163
36432964063357281070788758164043814850188411431885988276944
90119321296827158884133869434682859006664080631407775772570
56307294004929403024204984165654797367054855804458657202276
37840466823379852827105784319753541795011347273625774080213
47682604502285157979579764746702284099956160156910890384582
45026792659420555039587922981852648007068376504183656209455
54346135134152570065974881916341359556719649654032187271602
64859304903978748958906612725079482827693895352175362185079
62977851461884327192232238101587444505286652380225328438913
75273845892384422535472653098171578447834215822327020690287
23233005386216347988509469547200479523112015043293226628272
76321779088400878614802214753765781058197022263097174950721
27248479478169572961423658595782090830733233560348465318730
29302665964501371837542889755797144992465403868179921389346
92447419850973346267933210726868707680626399193619650440995
42167627840914669856925715074315740793805323925239477557441
59184582156251819215523370960748332923492103451462643744980
55961033079941453477845746999921285999993996122816152193148
88769388022281083001986016549416542616968586788372609587745
67618250727599295089318052187292461086763995891614585505839
72742098090978172932393010676638682404011130402470073508578

28724627134946368531815469690466968693925472519413992914652
42385776255004748529547681479546700705034799958886769501612
49722820403039954632788306959762493615101024365553522306906
12949388599015734661023712235478911292547690176005047974928
06072126803922691102777226102544149221576504508120677173571
20271802429681062037765788371669091094180744878140490755178
20385653909910477594141321543284406250301802757169650820964
27348414695726397884256008453121406593580904127113592004197
59851362547961606322887361813673732445060792441176399759746
19383584574915988097667447093006546342423460634237474666080
43170126005205592849369594143408146852981505394717890045183
57551541252235905906872648786357525419112888773717663748602
76606349603536794702692322971868327717393236192007774522126
24751869833495151019864269887847171939664976907082521742336
56627259284406204302141137199227852699846988477023238238400
55655517889087661360130477098438611687052310553149162517283
73272867600724817298763756981633541507460883866364069347043
72066886512756882661497307886570156850169186474885416791545
96507234287730699853713904300266530783987763850323818215535
59732353068604301067576083890862704984188859513809103042359
57824951439885901131858358406674723702971497850841458530857
81339156270760356390763947311455495832266945702494139831634
33237897595568085683629725386791327505554252449194358912840
50452269538121791319145135009938463117740179715122837854601
16035955402864405902496466930707769055481028850208085800878
11577381719174177601733073855475800605601433774329901272867
72530431825197579167929699650414607066457125888346979796429
31622965520168797300035646304579308840327480771811555330909
88702550520768046303460865816539487695196004408482065967379
47316808641564565053004988161649057883115434548505266006982
30931577765003780704661264706021457505793270962047825615247
14591896522360839664562410519551052235723973951288181640597
85914279148165426328920042816091369377737222999833270820829
69955737727375667615527113922588055201898876201141680054687
36558063347160373429170390798639652296131280178267971728982
29360702880690877686605932527463784053976918480820410219447
19713869256084162451123980620113184541244782050110798760717

15568315407886543904121087303240201068534194723047666672174

72308966211977553066591881411915778362729274615618571037217

6564518456679245666955100150229833079849607994988249706172<br>
6744936122622296179081431141466094123415935930958540791390<br>

467185582906853711897952626234492483392496342449714656846591
124891855662958932990903523923333647435203707701010843880O

9075776852639865146253336312450536402610569605513183813174261184420189088853196356986962795036738424313011331753305329
8020166888174813429886815855778103432317530647849832106297184251843855344276201282345707169885305183261796411785796088
8815032960229070561447622091509473903594664691623539680920139457817589108893199211226007392814916948161527384273626429
8098234063200244024495894456129167049508235812487391799648641133480324757775219708932772262349486015046652681439877051
6153170266969297049283162855042128981467061953319702695072143782304768752802873541261663917082459251700107141808548006
3692325946201900227808740985977192180515853214739265325155903541020928466592529991435379182531454529059841581763705892
7906909896911164381187809435371521332261443625314490127454772695739393481546916311624928873574718824071503995009446731
9543161938554852076657388251396391635767231510055560372633948672082078086537349424401157996675073607111593513319591971
2094896471755302453136477094209463569698222667377520994516845064362382421185353488798939567318780660610788544000550827
6570305587448541805778891719207881423351138662929667179643468760077047999537883387870348718021842437342112273940255717
6908196030920182401884270570460926225641783752652633583242406612533115294234579655695025068100183109004112453790153329
6615697052237921032570693705109083078947999900499939532215362274847660361367769797856738658467093667958858378879562594
6464891376652199588286933801836011932368578558581955560421562508836502033220245137621582046181067051953306530606065010548871672453779428313388716313955969058320834168984760656071183471362181232462272588419902861420872849568796393254642
8534307530110528571382964370999035694888528519040295604734613111382638788975517885604249987483163828040468486189381895905420398898726506976202019955484126500053944282039301274816
3815853039643992547020167275932857436666164411096256633730540921951967514832873480895747777527834422109107311135182804
6036347198185655572957144747682552857863349342858423118749440003229690697758315903858039353521358860079600342097547392
2967333106493956018122378128545843176055617338611267347807458506760630482294096530411183066710818930311088717281675195

79675347188537229309616143204006381322465841111157758358581

28247215825010949609662539339538092219559191818855267806214
99231727631632183398969380756168559117529984501320671293924

06743804698219420563812558334364219492322759372212890564209
43082352544084110864545369404969271494003319782861318186188
81111840825786592875742638445005994422956858646048103301538
89114994869354360302218109434667640000223625505736312946262
96096198760564259963946138692330837196265954739234624134597
79574852464783798079569319865081597767535055391899115133525
22987361127791827485420086895396583594219633315028695611920
12298889887006079992795411188269023078913107603617634779489
43203210277335941690865007193280401716384064498787175375678
11853213284082165711075495282949749362146082155832056872321
85574065161096274874375098092230211609982633033915469494644
49100451528092508974507489676032409076898365294065792019831
52654106581368237919840906457124689484702093577611931399802
46813405200394781949866202624008902150166163813538381515037
73502296607462795291038406868556907015751662419298724448271
94293310048548244545807188976330032325258215812803274679620
02814762431828622171054352898348208273451680186131719593324
71107466222850871066611770346535283957762599774467218571581
61264111432717943478859908928084866949141390977167369002777
58502686646540565950394867841110790116104008572744562938425
49416759460548711723594642910585090995021495879311219613590
83158826206823321561530868337308381732793281969838750870834
83880463884784418840031847126974543709373298362402875197920
80232187874488287284372737801782700805878241074935751488997
89117397461293203510814327032514090304874622629423443275712
60086642508333187688650756429271605525289544921537651751492
19636718104943531785838345386525565664065725136357506435323
65089367904317025978781771903148679638408288102094614900797
15137717099061954969640070867667102330048672631475510537231
75711432231741141168062286420638890621019235522354671166213
74996932693217370431059872250394565749246169782609702533594
75020913836673772894438696400028110344026084712899000746807
76484408871134135250336787731679770937277868216611786534423
17322646378476978751443320953400016506921305464768909850502
03015044880834261845208730530973189492916425322933612431514
30657826407028389840984160295030924189712097160164926561341
34333422988279099217860426798124572853458013382609958771781

13102167340256562744007296834066198480676615805021691833723
68039902793160642043681207990031626444914619021945822969099
21227885539487835383056468648816555622943156731282743908264
50611628942803501661336697824051770155219626522725455850738
64058529983037918035043287670380925216790757120406123759632
76856748450791511473134400018325703449209097124358094479004
62494313455028900680648704293534037436032625820535790118395
64908935434510134296961754524957396062149028872893279252069
65353863964432253883275224996059869747598823299162635459733
24445163755334377492928990581175786355555626937426910947117
00216541171821975051983178713710605106379555858890556885288
79890847509157646390746936198815078146852621332524738376511
92990156109189777922008705793396463827490680698769168197492
36562422608715417610043060890437797667851966189140414492527
04808819714988015420577870065215940092897776013307568479669
92955433656139847738060394368895887646054983871478968482805
38470173087111776115966350503997934386933911978988710915654
17091330826076474063057114110988393880954814378284745288383
68079418884342666222070438722887413947801017721392281911992
36540551639589347426395382482960903690028835932774585506080
13179884071624465639979482757836501955142215513392819782269
84278638391679715091262410548725700924070045488485692950448
11073808799654748156891393538094347455697212891982717702076
66136024895814681191336141212587838955773571949863172108443
98901423948496659251731388171602663261931065366535041473070
8044149391693632623737677709585031325599009576273195730864
80424677012123270205337426670531424482081681303063973787366
42483672539837487690980602182785786216512738563513290148903
50988327061725893257536399397905572917516009761545904477169
22658063151110280384360173747421524760851520990161585823125
71590733421736576267142390478279587281505095633092802668458
93764964977023297364131906098274063353108979246424213458374
09011693919642504591288134034988106354008875968200544083643
86516617880557608956896727531538081942077332597917278437625
66118431989102500749182908647514979400316070384554946538594
60274524474668123146879434416109933389089926384118474252570
44572517459325738989565185716575961481266020310797628254165

59050604247911401695790033835657486925280074302562341949828

89261146354145715351943428507213534530183158756282757338982
68898523557799295727645229391567477566676051087887648453493
63606827805056462281359888587925994094644604170520447004631
51379754317371877560398159626475014109066588661621800382669
89961965580587208639721176995219466789857011798332440601811
57565807428418291061519391763005919431443460515404771057005
43390001824531177337189558576036071828605063564799790041397
61808955363669603162193113250223851791672055180659263518036
25121457592623836934822266589557699466049193811248660909979
81285718234940066155521961122072030922776462009993152442735
89488710576623894693889446495093960330454340842102462401048
72332875008174917987554387938738143989423801176270083719605
30943839400637561164585609431295175977139353960743227924892
21267045808183313764165818269562105872892447740035947009268
66265965142205063007859200248829186083974373235384908396432
61470005324235406470420894992102504047267810590836440074663
80020870126664209457181702946752278540074508552377720890581
68391844659282941701828823301497155423523591177481862859296
76050482038643431087795628929254056389466219482687110428281
63893975711757786915430165058602965217459581988878680408110
32843273986719862130620555985526603640504628215230615459447
44899088390819997387474529698107762014871340001225355222466
95409315213115337915798026979555710508507473874750758068765
37644578252443263804614304288923593485296105826938210349800
04052484070844035611678171705128133788057056434506161193304
24440798260377951198548694559152051960093041271007277849301
55503889536033826192934379708187432094991415959339636811062
75572952780042548630600545238391510689989135788200194117865
35682149118528207852130125518518493711503422159542244511900
20739353962740020811046553020793286725474054365271759589350
07163360763216147258154076420530200453401835723382926619153
08354095120226329165054426123619197051613839357326693760156
91442994494374485680977569630312958871916112929468188493633
86473927476012269641588489009657170861605981472044674286642
08765334799858222090619802173211614230419477754990738738567
94118982466091309169177227420723336763503267834058630193019
32429963972044451792881228544782119535308989101253429755247

276357302262813820918074397486714535907786335301608215599113
314144205091447293535022230817193663509346865858656314855575
862447818620108711889760652969899269328178705576435143382060
141077329261063431525337182243385263520217735440715281898137
698755157574546939727150488469793619500477720970561793913828
989845327426227288647108883270173723258818244658436249580592
560338105215606206155713299156084892064340303395262263451454
283678698288074251422567451806184149564686111635404971897682
154227722479474033571527436819409892050113653400123846714296
551867344153741615042563256713430247655125219218035780169240
326699541746087592409207004669340396510178134857835694440760
470232540755557764728450751826890418293966113310160131119077
398632462778219023650660374041606724962490137433217246454097
412995570529142438208076098364823465973886691349919784013108
015581343979194852830436739012482082444814128095443773898320
059864909159505322857914576884962578665885999179867520554558
099004556461178755249370124553217170194282884617402736649978
475508294228020232901221630102309772151569446427909802190826
689868834263071609207914085197695235553488657743425277531197
247430873043619511396119080030255878387644206085044730631299
277888942729189727169890575925244679660189707482960949190648
764693702750773866432391919042254290235318923377293166736086
996228032557185308919284403805071030064776847863243191000223
929785255372375566213644740096760539439838235764606992465260
089090624105904215453927904411529580345334500256244101006359
530039598864466169595626351878060688513723462707997327233134
693971456285542615467650632465676620279245208581347717608521
691340946520307673391841147504140168924121319826881568664561
485380287539331160232292555618941042995335640095786495340935
115266454024418775949316930560448686420862757201172319526405
023099774567647838488973464317215980626787671838005247696884
084989185086149003432403476742686245952395890358582135006450
998178244636087317754378859677672919526111213859194725451400
301180503437875277664402762618941017576872680428176623860680
477885242887430259145247073950546525135339459598789619778911
041890292943818567205070964606263541732944649576612651953495
701860015412623962286413

897796733329070567376962156498184506842263690367849555970002
607986799626101903933126376855696876702929537116252800055431
007864087289392257145124811357786276649024251619902774710900
335933309304948380597856628844787441469841499067123764789558
226329490467981208998485716357108783119184863025450162092988
058292083348136384054217200561219893536693713367333924644416
125223196943471206417375491216357008573694397305979709719722
666664226743111776217640306868131035189911227133972403688870
009968629225464650063852886203938005047782769128356033725488
255793912985251506829969107754257647488325341412132800626711
709400909822352965795799780301828242849022147074811112401866
076134151503875698309186527806588966823625239378452726345300
420418802508442363190383318384550522367992357752929106925044
326144695010986108889991465855188187358252816430252093928522
580779697376208456374821144339881627100317031513344023095266
351929588680690821355853680161000213740851154484912685841266
869589917414913382057849280069825519574020181810564129725088
360703568510553317878408290000415525118657794539633175385322
092149720526607831260281961164858098684587525129997404092799
768317663991465538610893758795221497173172813151793290443111
218158710235187407572221001237687219447472093493123241070655
080618562372526732540733324875754482967573450019321902199111
996079798937338367324257610393898534927877747398050808001555
447640610535222023254094435677187945654304067358964910176100
775948364540823486130254718476485189575836674399791508512855
802060782055446299172320202822291488695939972997429747115533
718589242384938558585954074381048826246487880533042714630111
941589896328792678327322456103852197011130466587100500083288
517731177648973523092666123458887310288351562644602367199666
445547276083101187883891511493409393447500730258558147561900
881398752357812331342279866503522725367171230756861045004544
897036007956982762639234410714658489578024140815840522953699
374997106655948944592462866199635563506526234053394391421111
271810691052290024657423604130093691889255865784668461215677
955425660541600507127664176605687427420032957716064344860622
012398216982717231978268166282499387149954491373020518436699
076723577400053932662622760323659751718925901801104290384277

41855078948874388327030632832799630072006980122443651163940

000350989286412041951635511087632042676129798265294258829511
141275841262732790798807559751851576841264742209479721843330
935297266521001566251455299474512763155091763673025946213299
301904028379542463232585503010967069227202270748634190054388
302650681214142135057154175057508639907673946335146209082888
893493837643939925690060406731142209331219593620298297235111
632593867722414779116295727807523950562515816031333593823111
500518626890530658368129988108663263271980611271548858798099
348791291370749823057592909186293919501472119758606727009255
477180257503377307993971345395326461952699965963856549175900
458333585799102012713204583903200853878881633637685182083722
788513117522776960978796214237216254521459128183179821604411
113116714069148271709810154577819392023115638719508050246799
725792497605772625913328559726371211201905720771409148645077
409492671803581515757151405039761096384675556929897038354733
141002238025834687673501297754132795320609711545064842121855
936490997917766874774481882870632315515865032898164228288233
274686610659273219790716238464215348985247621678905026099800
452664839295423572873439776804957740914495383915755654854599
058976495198513801007958010783759945775299196700547602252555
203445398871253878017196071816407812484784725791240782454433
616823452395706895142722697504318736332630111030534233358211
609333191218806608268341428910415173247216053355849993224544
873077882290525232423486153152097693846104258284971496347533
418375620030149157032796853018686315724884015266398356895633
634657435321783493199825542117308467745297085839507616458222
963032442432823773745051702856069806788952176819815671078166
334052667595394249262807569683261074953233905362230908070811
455919837355377748742029039018142937311529334644468151212944
509759653430628421531944572711861490001765055817709530246888
752632501197052094761594167687277844720001927891372518416222
857783792284439084301181121496366424659033634194540657183544
477191244662125939265662030688852005559912123536371822692255
317814587925937504414489339816086579008761650246351970458288
895481793756681046474614105142498870252139936870509372305444
773411264135489280684105910771667782123833281026218558775133
127211793444482014404257450830639447383637939062830089733066

241380614589414227694747931665717623182472168350678076487573
420491557628217583972975134478990696589532548940335615613
167403276472469212505759116251529654568544633498114317670257
295661844775487469378464233737238981920662048511894378868222
480727935202250179654534375727416391079197295295081294292220
534771730418447791567399173841831171036252439571615271466900
581470000263301045264354786590329073320546833887207873544
4762647925297690170912007874183736735087713376977683496344252
4199499513883150748775374338494582597655609965559543180409
201784971846854973706962120885243770138537576814166327224126
34423982152941645378000492507262765150789085071265997036708
72669276430837722968598516912230503746274431085293430527307
88652839773352460174635277032059381791253969156210636376258
82937571373840754406468964783100704580613446731271591194608
43593582598778283526653115106504162329532904777217408355934
97237585521380483050900096466760883015406128243087406455944
31853413755220166305812111033453120745086824339432159043594
43031243122747138584203039010607094031523555617276799416002
03939750998976293353258555756248089966918298642226775023601
93257974726742578211119734709402357457222271212526852384295
87427350156366009318804549333898974157149054418255973808087
15652814301026704602843168192303925352977957658624143927015
49740879273131051636119137577008929564823323648298263024607
97587576774537716010249080462430185652416175665560016085912
15345562676021926899828553778725831451440826545834844094784
63178777374794653580169960779405568701192328608041130904629
35087182712593466871276669487389982459852778649956916546402
94589350649643358098247659651651420909867552038083092032304
87342703468288751604071546653834619611223013759451579252696
74364253192739003603860823645076269882749761872357547676288
99507521148048525279508450339585708381304769378813211236742
81319487950228066320170022460331989671970649163741175854851
87848401205484467258885140156272501982171906696081262778548
59648183696214107217142149863619187747545096503089570994709
34337856981674465828267911940611956037845397855839240761276
34410576675102430755981455278616781594965706255975507430652
10853015979080733437360794328667578905334836695554868039

3433720156498834220893399971641479746938696905480089193067138057171505857307148815649920714086758259602876056459782423
770242469805328056632787041926768467116266879463486950464507420219373945259262668613552940624781361206202636498199999498405143868285258956342264328707663299304891723400725471764
1886853513723326678779217383475414800228033929973579361524127558295692768372312347989894462743304545667900620324205163
962825884430854383072014956721064605332385372031432421126074244858450945804940818209276391400085404220235562602185643489941454399504109805918179488826280520664410863190016885681
5516922948620301073889718100770929059048074909242714101893354281842999598816966099383696164438152887721408526808875748
829325873580990567075581701794916190611400190855374488272620093668560447559655747648567400817738170330738030547697360978654385938218722058390234444350886749986650604064587434600
5331827436296177862518081893144363251205107094690813586440519229512932450078833398788429339342435126343365204385812912
834345297308652909783300671261798130316794385535726296998740359570458452230856390098913179475948752126397078375944861139451960286751210561638976008880092746115860800207803341591
4517970730368351969777660763737853330120241201120469886092093390853657732223924124490515327809509558664594776344822699
860748132973026309750288121035177231244650953496536930900186377640940943498373132513218620802148099226855029484546618147155574447096695301776904342720318927706047177845279391604
7228153437980353967986142437095668322149146543801459382927739333960327540480095522318166673803571839327570771420467238386246178039762923771312095807893638414479298025880655221292
6209362393063731349664018661951081158347117331202580586672763999276357907806381881306915636627412543125958993611964762
610140556350339952314032311381965623632719896183725484533370206256346422395276694356837676136871196292181875457608161705303159072882870071231366630872275491866139577373054606599
7437810987649802414011242142773668082751390959313404155826266789510846776118665957660165998178089414985754976284387856
1002637965431783136340251358141611519020964991335487331311150227006819301359295959716401971960536250335584799809634887

18039111612813595968565478868325856437896173159762002419621

09479138180406328738759384826953558307739576144799727000347
28801827852813895032179863452161110666088393140532269449054
55527867894417579202440021450780192099804461382547805858048
44241640477503153605490659143007815837243012313751156228401
58386442708907182848167575271238467824595343344496220100960
71051370608461801187543120725491334994247617115633321408934
60915656155060031738421870157022610310191660388706466143889
77363187809407115275281746895764015810470169652475577408916
44568677717158500583269943401677202156767724068128366565264
12298243946513319735919970940327593850266955747023181320324
37164205861410336065245369391600506449530601612678226489424
37397166717661231048975031885732165554988342121802846912529
08610148552781527762562375045637576949773433684601560772703
55096290493924870884062810679436224187047470083688426710225
58302403599841645951122485272633632645114017395248086194635
84078375355688562231711552094722306543709260679735100056554
93812245754837285457117973936157561676416928958052572975223
38558611388322171107362265816218842443178857488798109026653
79342666421699091405653643224930133486798815488662866505234
69972355747384248305904236771432787923164224038777643301926
00192284778313837632536121025336935812624086866699738275977
36568222790721583247888864236934639616436330873013981421143
03060087306661648036789840913359262934023043249749268878316
43602681011309570716141912830686577323532639653677390317661
36131596555358499939860056515592193675997771793301974468814
83711032065036931928945214026509154651843099365534933371834
25298433679915939417466223900389527673813330617747629574943
86871697845376721949350659087571191772087547710718993796089
47745126547575018711948707387367858902006173733210756933022
16320628432065671192096950585761173961632326217708945426214
60985841023781321581772760222273813349541048100307327510779
99489919779638835307344434575329759142637684054422647842160
63122769646967156473999043715903323906560726644116438605404
83884716191210900870101913072607104411414324197679682854788
55247794764818029597360494397004795960402927462992035720997
61950140348315380947714601056333446998820822120587281510729
18297121191787642488035467231691654185225672923442918712816

32325969654135485895771332083399112887759172261152733790103
41362085614577992398778325083550730199818459025958355989260
55329967377049172245493532968330000223018151722657578752405
88322490858212800897479093261007625787704286560069961762121
76845478996440705066241710213327486796237430229155358200780
14116534806564748823061500339206898379476625503654982280532
96628621179306284301704924023019857199789488368971830438051
82174419147660429752437251683435411217038631379411422095295
88579806015293875275379903093887168357209576071522190027937
92927863036372687658226812419933848081660216037221547101430
07377537792699069587121289288019052031601285861825494413353
82078488346531163265040764242839087012101519423196165226842
20037112304643006734420647477180213530701240988603533991526
67923871101706221865883573781210935179775604425634694999787
25112544085452227481091487430725986960204027594117894258128
18821599523596589791811440776533543217575952555361581280011
63846720319346507296807990793963714961774312119402021297573
12516525376801735910155733815377200195244454362007184847566
34154074423286210609976132434875488474345396659813387174660
93020535070271952983943271425371155766600025784423031073429
55153394506048622276496668762407932435319299263925373107689
21353525723210808898193391686682789482811704726245019484097
00975760920983724090074717973340788141825195842598096241747
61013825264395513525931188504563626418830033853965243599741
69313228947198783084276004013680747039040972384739458348961
86539790594118599310356168436869219485382055780395773881360
67954990008512325944252972448666676683464140218991594456530
94234406506678519484177667794704720419588220432953803263105
37494883122180391279678446100139726753892195119117836587662
52808369005324900459741094706877291232821430463533728351995
36482743258331191444590178096077828835837301118575436599589
82724531925310588115026307542571493943024453931870179923608
16661130542625399583389794297160207033876781503301028012009
59972522222808014235710947603519255444349299867678178910455
59063015953809761875920358937341978962358931125983902598310
26719330418921510968915622506965911982832345550305908173073
51955037216658702880539921385760370353771051780212801295668

419841403628727256232144287543022109094727210734741349755 14

44060549772170594282151488616567277124090338772774562909711
01348851843741186956554497457368452180669829110450580042998
87953899027804383596282409421860556287788428802127553884803
72864001944161425749990427200959520465417059810498996750451
19364711727722204361026140797508096869751766002371877483480
16120310234680567112644766123747627852190241202569943534716
22666089367521983311181351114650385489502512065577263614547
36044268594980743969323312971273771573470997139522911826534
85155587137336629120242714302503763269501350911612952993785
86468130722648600827088133353819370368259886789332123832705
32976258573827900978264605455985551318366888446282651337984
91667839409761353766251798258249663458771950124384040359140
84920973375464247448817618407002356958017741017769692507781
48933866725578985645898510568919609243988415692806969833522
40225634570497312245269354193837004843183357196516626721575
52419340193309901831930919658292096965624766768365964701959
57547393455143374137087615173236772042273856742791706982045
49953095918872434939524094441678998846319845504852393662972
07977745281439941825678945779571255242682608994086331737153
88962628896294021121088844273765686245276121303710173007851
35715404533041507959447776143597437803742436646973247138410
49212431413890357909241603640631403814983148190525172093710
39640268089948325722979545640427017577229041732347960736187
87889913318305843069394825961318713816423467218730845133877
21908697510494284376932502498165667381626061594176825250999
37416728839517440669325496534031014522253161890092353764863
78482881344209870048096227171226407489571939002918573307460
10436072919094576799461492929042798168772942648772995285843
46477753869069501489841339245403941446802636254021186143170
31251117577642829914644533408920976961699098372652361768745
60589470496817013697490952307208268288789073019001825342580
53434217059287139317379931424108526473909482845964180936141
38475831136130576108462366837237695913492615824516221552134
87924414504175684806412063652017038633012953277769902311864
80200675569056822950163549319923059142463962170253297475731
14094220180199368035026495636955866425906762685687372110339
15679383989576556519317788300024161353956243777784080174881

93730950206999008908993280883974303677365955248913001566332
94077907139615464534088791510300651321934486673248275907946

9698891994582739762411461374480405969706257676472376606554
6185746905272292382282751867991569833907476711461030227766
6020061246876477728819096791613354019881402757992174167678
9923160396356949285151363364721954061117176738737255572852
9400543617851765023075446938693078734991103521825329297260
4553210797887711449898870911511237250604238753734841257086
6406905205845212275453384800820530245045651766951857691320
0428167580549248117805198326460324457928297301291053183856
6821206215531288668564956512613892261367064093953334570526
8695969235035309422454386527867767302754040270224638448355
2399147513634410440500923303612714960813554905315390210022
9595756583705381261965683144286057956696622154721695620870
1372776853696084070483332513279311223250714863020695124539
0037357233468070946564830892098015348787056334910923660575
4050864111521441481434630437273271045027768661953107858323
3485784029716092521532609255893265560067212435946425506599
7717703884453961816328796144608177892721718369088801267782
7430106422524634807454300476492885553409062185153654355474
2547615276977266776977277705831580141218568801170502836527
5432148034880044429799980621579045641619572127845089284898
6426497427090579129069217807298769477975112447305991406050
2994689428093103421641662993561482813099887074529271604843
6308184041264696379258430941854422163590845761460785585624
3814931427078266215185541603870206876980461747400808324343
6538235455510944949843109349475994467267366535251766270677
1941831919771963780157021699336750837600571634546436717767
3387588643405644871566964321041282595645349841388412890420
8204700761559691684303899934836679354254921032811336318472
5923055543830582069416756299920133731754891220372303490726
1068534454035993561823576312837767640631013125335212141994
1186935083317658785204711236433122676512996417132521751355
2618676819423387903654689080018271352835848884441117612341
1179918709236507184857856221021104009776994453121795022479
7806950653296594038398736990724079767904082679400761872954
8359634927939045769736616434053597922192858705749574816966
4062334272619733518136626063735982575552496509807260123668
8360592834185584802695841377255897088378994291054980033111

884603401939166122186696058491571485733568286149500019097591
112521880039641976216355937574371801148055944229873041819680
808564726571354761283162920044988031540210553059707666636274
932830891688093235929008178741198573831719261672883491840242
972129043496552694272640255964146352591434840067586769035038
232057293413298159353304444649682944136732344215838076169483
121933311981906109614295220153617029857510559432646146850545
268497576480780800922133581137819774927176854507553832876887
447459159373116247060109124460982942484128752022446259447763
874949199784044682925736096853454984326653686284448936570411
181779380644161653122360021491876876946739840751717630751684
985635920148689294310594020245796962292456664488196757629434
953532638217161339575779076637076456957025973880043841580589
433613710655185998760075492418721171488929522173772114608115
434498266547987258005667472405112200738345927157572771521858
994694811794064446639943237004429114074721818022482583773601
734668530074498556471542003612359339731291445859152288740871
950870863221883728826282288463184371726190330577714765156414
382230679184738603914768310814135827575585364359772165002827
780371342286968878734979509603110889919614338666406845069742
078770028050936720338723262963785603865321643234881555755701
846908907464787912243637555666867806761054495501726079114293
083128576125448194444947324481909379536900820638463167822506
480953181040657025432760438570350592281891987806586541218429
921727372095510324225107971807783304260908679427342895573555
925272380551144043800123904168771644518022649168164192740110
645162243110170005669112173318942340054795968466980429801736
257040673328212996215368488140410219446342464622074557564396
045298531307140908460849965376780379320189914086581466217531
933766597011433060862500982956691763884605676297293146491149
370462446935198403953444913514119366793330193661766365255514
917498230798707228086085962611266050428929696653565251668888
557211227680277274370891738963977225756489053340103885593112
567999151658902501648696142720700591605616615970245198905183
296927893555030393468121976158218398048396056252309146263844
738629603984892438618729850777592879272206855480721049781765
328621018747676689724884

1139560349480376727036316921007350834073865261684507482496 4
485974281349364803724261167042668708319250409976153190768 55
770327421785010006441984124207396400139603601583810565928 41
368457411910273642027416372348821452410134771652960312840 86
584197879511165115298278146203791398550063999603265912485 25
308493690313130100799977191362230866011099929142871249388 54
161203802041134018888721969347790449752745428807280350930 58
287544207551348166609278793535665212556201399882496284787 26
214432362853676502591450468377635282587652139156480972141 92
967554938437558260025316853635673137926247587804944594418 34
291727569883762262618463654527434976624111384513054814498 36
311789784489732076719508784158618879692955819733250699951 40
260151167552975057543781024223895792578656212843273120220 07
167305740692868693639301867659582513264991459502609170693 47
519408975357464016830811798846452473618956056479426358070 56
256328118926966302647953595109712765913623318086692153578 86
078127599105371714022045061860753748663063505914839164676 56
723205714516886170790984695932236724946737583099607042589 22
048155079913275208858378111768521426933478692189524062265 79
210436203488529262679840139532164587911515790504605797108 38
983371864038024417511347226472547010794793996953554669619 72
676325522991465493349966323418595145036098034409221220671 25
676987234279407088570704742931733291885238967219713539244 92
426178641188637790962814486917869468177591717150669111480 02
075943201206196963779510322708902956608556222545260261046 07
361313688690092817210681986185537809820184711541636303262 65
699283424155023600978046417108525537612728905335045506135 68
414377585442967797701466029438768722511536380119175815402 81
208182556064854107879335989210644272448986189616294134180 01
295130683638609294100083136673372153008352696235737175330 73
865333820484219030818644918409372394403340524490955455801 64
064607615810103017674884750176619086929460987692016912021 81
688291040870709560951470416921147027413390052253340834812 87
035303102391969997859741390859360543359969707560446013424 24
536824960987725813110247327985620721265724990034682938868 72
304895562253204463602639854225258416464324271611419817802 48
259556354490721922658386626637508359443148776351561457107

4552801615967704844271419443518327569840755267792641126176525061596523545718795667317091331935876162825592078308018520689015150471334038610031005591481785211038475454293338918844412051794396997019411269511952656491959418997541839323464742429070271887522353439367363366320030723274703740712398256202466265197409019976245205619855762576000870817308328834438183107005451449354588542267857855191537229237955549433341017442016960009069641561273229777022121795186837635908225512881647002199234886404395915301846400471432118636062252701154112228380277853891109849020134274101412155976996543887719748537643115822983853312307175113296190455900793806427669581901484262799122179294798734890186847167650382732855205908298452980625925035212845192592798659350613296194679625237397256558415785374456755899803240549218696288849033256085145534439166022625777551291620077279685262938793753045418108072928589198971538179734349618723292761474785019261145041327487324297058340847111233374627461727462658241532427105932250625530231473875925172478732288149145591560503633457542423377916037495250249302235148196138116256391141561032684495807250827343176594405409826976526934457986347970974312449827193311386387315963636121862349726140955607992062831699942007205481152535339394607685001990988655386143349578165008996164907967814290114838764568217491407562376761845377514403147541120676016072646055685925779932207033733339891636950434669069482843662998003741452762771654762382554617088318981086880684785370553648046935095881802536052974079353867651119507937328208314626896007107517552061443378411454995013643244632819334638905093654571450690086448344018042836339051357815727397333453728426337217406577577107983051755572103679597690188995849413019599957301790124019390868135658553966194137179448763207986880037160730322054742357226689680188212342439188598416897227765219403249322731479366923400484897605903795809469604175427961378255378122394764614783292697654516229028170110043784603875654415173943396004891531881757665050095169740241564477129365661425394936888423051740012992055685428985389794266995677702708914651373689220610441548166215680421983847673087178759027920917590069527345668202651337311151800018

434120962601658629821076663523361774007837783423709152644063
054071807843358061072961105550020415131696373046849213356837
265400307509829089364612047891114753037049893952833457824082
817386441322710002968311940203323456420826473276233830294639
378998375836554559919340866235090967961134004867027123176526
663710778725111860354037554487418693519733656621772359229396
776463251562023487570113795712096237723431370212031004965152
111976013176419408203437348512852602913334915125083119802850
177855710725373149139215709105130965059885999931560863655477
403551898166733535880048214665099741433761182777723351910741
217572841592580872591315074606025634903777263373914461377038
021318347447301113032670296917335047701632106616227830027269
283365584011791419447808748253360714403296252285775009808599
609040936312635621328162071453406104224112083010008587264252
112262480142647519426184325853386753874054743491072710049754
281159466017136122590440158991600229827801796035194080046513
534752698777609527839984368086908989197839693532179980139135
442552717910225397010810632143048511378291498511381969143043
497500189980681644412123273328307192824362406733196554692677
851193152775113446468905504248113361434984604849051258345683
266441528489713972376040328212660253516693914082049947320486
021627759791771234751097502403078935759937715095021751693555
827072533911892334070223832077585802137174778378778391015234
132098489423459613692340497998279304144463162707214796117456
975719681239291913740982925805561955207434243295982898980529
233366415419256367380689494201471241340525072204061794355252
555225008748790086568314542835167750542294803274783044056438
581591952666758282929705226127628711040134801787224801789684
052407924360582742467443076721645270313451354167649668901274
786801010295133862698649748212118629040337691568576240699296
372493097201628707200189835423690364149270236961938547372480
329855045112089192879829874467864129159417531675602533435310
626745254507114181483239880607297140234725520713490798398982
355268723950909365667878992383712578976248755990443228895388
377317348941122757071410959790047919301046740750411435381782
464630795989555638991884773781341347070246747362112048986226
99188851745625173251934

1352038115863350123913054441910073628447567514161050410973505852762044489190978901984315485280533985777844313933883994
3104444656692445508859463140817512203313906815965925105468580131338381521764182104334297888261196304431113887962587460
9022613090084997543039577124323061690626291940392143974027089477663702488155499322458825979020631257436910946393252806241642476868495455324938017639371615636847859823715902385421265840615367228607131702674740131145261063765383390315921
9434698176053583803106128878520515469336392410884676320095670897183674905781630851581381619668822220475704375906143380
4072585386208356517699842677452319582418268369827016023741493836349662935157685406139734274647089968561817016055110488
0971554859118617189668025973541705423985135560018720335079060946421271143993196046527424050882225359773481519135438571
2532585404939460108657937980586201433660788252197178090258173708709164604527279771535099103407364250203863867182205228
7969445838765294795104866071739022932745542678566977686593992341683412227466301506215532050265534146099524935605085492
1756549134830958906536175693817637473644183378974229700703545206663170929607591989627732423090252397443861014263098687
7339138825186843165010279649114977375828889134503411488659486702154921010843280807834280894172980089832975369406449699
0312539986391958160146899522088066228540841486427478628197554662927881462160717138188018084057208471586890683691939338
1864278454537956719272397972364651667592011057995663962598535512763558768140213409829016296873429850792471846056874828
3313812591619624761569028759010727331032991406238646083333786382579263023915900035576090324772813388873391780969666014
6961503175422675112599331552967421333630022296490648093458200818106180210022766458040027821333675857301901137175467276
3059044353131319036092489097246427928455549913490005180295707082919052556781889913899625138662319380053611346224294610
2489540724048571232566288889317221164329478161905548680549434410340906807160880282279596869501336438142682521704728708
6301013730115523686141690837567574763723976318575703810944339056456446852418302814810799837691851212720193504404180460
4721626939445788377090105974693219720558114078775989772072

09689382249303236830515862657281114637996983137517937623215
11125234973430524062210524423435373290565516340666950616589

9431111388635821596676188303261041646517148469793854226216871614001223782137797741312689772667129920259220174087700769
5628347393220108815935628628192856357189338495885060385315817976067947984087836097596014973342057270460352179060564760
3285569276273495182203236144112584182426247712012035776388895974318232827871314608053533574494297621796789034568169889
5535185044783256163807094769516990862471000197488092050095219436323787197648703392238115403634754886268459561597551937
6541011501406700122692747439388858994385973024541480106123590803627458528849356325158538438324249325266608758890831870
0709100237377106576985056433928854337658342596750653715005333514489908293887737352051459333049626531415141386124437935
8850709446880454869753581702129084907873478068143663233228194158273456713564431715379678180581958524648400840329099819
4378171817730231700398973305049538735611626102399943325978012689343260558471027876490107092344388463401173555686590358
5244919370181041626208504299258697435817098133894045934471937493877624232409852832762266604942385129709453245586252103
6008292866497241749191419889661295580767709795947953060131191590117739431042090490794244488685130868444937059090260061
2064942574471035354765785924270813041061854621988183009063458818703875585627491158737542106466795134648758677154383801
8521348281915812462599335160198935595167968932852205824799421034512715877163345222995418839680448835529753361286837225
9353900792016669413390911687588039888288692160023732573615882071635162713328105181876021048521806755266486739089009071
9513805862673512431221569163790227732870541084203784152568328871804698795251307326634027851905941733892035854039567703
5611329354482585628287610610698229721420961993509331312171187891078766872044548876089410174798647137882462153955933333
2755620094395804345379197822805903959599274369137937786649409640487778417483364326840262829324062600819080818043909145
5635193685606304508914228964521998779884934747772913279726602765840166789013649050874114212686196986204412696528298108
7045479861559545338021201155646979976785738920186243599326777689454060508218838227909833627167124490026761178498264377
03300208184459000971723520433199470824209877151444975101705

5643029542821819670009202515615844174205933658148134902693111517093872260026458630561325605792560927332265579346280805
6834439213736884056504343073965740610177793701414246154930707413608054421002956000956635889778992676305177187819437067
6149821756418659011616086540863539151303920131680576903417259645369235080641744656235152392905040947995318407486215121
0561833854566176652606393713658802521666223576132201941701372664966073252010771947931265282763302413805164907174565964
8537483546691945235803153019691604809946068149040378198297323609300871357607986214254220964190043679054790499300783724
2158195453541837112936865843055384271762803527912882112930835157565659994474178843838156514843422985870424559243469329
5232821803508333726283791830216591836181554217157448465778420134329982594566884558266171979012180849480332448787258183
7748055222681510113717453684178702802744524429054745182346749195641885512444213377835214238659799259882032870851093383
8682990657199461490629025742768603885051103263854454041918495886653854504057132362968106914681484786965916686184275679
8460041868762298055562963045953227923051616721591968675849523635298935788507746081537321454642984792310511676357749494
6229525694976603594739624309953433104049942096778838270027144784940690370732491064441516960532565605867787574174721108
2743577431519406075798356362914332639781221894628744779811980722564671466405485013100965678631488009030374933887536418
3165134982546694673316118123364854397649325026179549357204305402182974871251107404011611405899911093062492312813116340
5492625713567218186289327861388337180285350565035919527414008695109261675414767926680321092374670872136062783329223864
1361959412133927803611827632410600474097111104814000362334271451448333464167546635469973149475664342365949349684588455
1524150756376605086632827424794136062876041290644913828519456402643153225858624043141838669590633245063000392213192647
6259626915109044576953014440546180378575030366862124622786397527466678701210033929848733750144756003221006223580293437
7495503203701273846816306102657030087227546296679688089058712767636106622572235222973920644309352432722810085997309513
2528630601105497915644791845004618046762408928925680912930 5

92960642357021061524646205023248966593987324933967376952023

0735573046206396924533077957822459497104201880430001838814<br>2

631893253910696395578070602124597489829356461356078898347241
199794785643620420946134123876131988653523583129968622689481
608408456655606876954501274486631405054735351746873009806322
278046891224682146080672762770840240226615548502400895289165
711761743902033758487784291128962324705919187469104200584832
614067733375102719565399469716251724831223063391932870798380
074848572651612343493327335666447335855643023528088392434827
876088616494328939916639921048830784777704804572849145630335
326507002958890626591549850940797276756712979501009822947622
896189159144152003228387877348513097908101912926722710377889
805396415636236416915498576840839846886168437540706512103906
250612810766379904790887967477806973847317047525344215639038
720123880632368803701794930895490077633152306354837425681665
336160664198003018828712376748189833024683637148830925928337
590227894258806008728603885916884973069394802051122176635913
825152427867009440694235512020156837777885182467002565170850
924962374772681369428435006293881442998790530105621737545918
267997321773502936892806521002539626880749809264345801165571
588670044350397650532347828732736884086354000274067678382196
352222653929093980736739136408289872201777674716811819585613
372158311905468293608323697611345028175783020293484598292500
089568263027126329586629214765314223335179309338795135709534
637718368409244442209631933129562030557551734006797374061416
210792363342380564685009203716715264255637185388957141641977
238742261059666739699717316816941543509528319355641770566862
221521799115135563970714331289365755384464832620120642433801
695586269856102246064606933079384785881436740700059976970364
901927332882613532936311240365069865216063898725026723808740
339674439783025829689425689674186433613497947524552629142652
284241924308338810358005378702399954217211368655027534136221
169314069466951318692810257479598560514500502171591331775160
995786555198188619321128211070944228724044248115340605589595
835581523201218460582056359269930347885113206862662758877144
603599665610843072569650056306448918759946659677284717153957
361210818084154727314266174893313417463266235422207260014601
270120693463952056444554329166298666078308906811879009081529
5063626782075614388815781

5113469536630387841209234694286873083932043233387277549680
2103028215443247233888452153437272501285897476914608083144
4125868181540049187772287869801853454537006526655649170915
2952275670922221747411206272065662298980603289167206874365
9482461086973672255474048128892424718543236057534116728507
7552057131156697954584887398742228135887985840783135060548
9055148278529489112190538319562422871948475940785939804790
0941940706717644390327307121358873850499936388382055016834
2777496070276844880281912220636888636811043569529300652195
2826152699127163727738841899328713056346468822739828876319
6457098363089177864870866761854856800476725526754147428510
8145807403152992197814557756843681110185317498167016426647
8409026268282444825802753209454991510451851771654631180490
5679857132575281179136562781581112888165622858760308759749
3849435275676612168959261485030785362045274507752950631012
8034180458405943292607985443562009370809182152392037179067
1219922804960697382387433126267303067959439609549571895772
7915597300588693646845576676092450906088202212235719254536
1519183487258742391941089044411595993276004450655620646116
6556654875942473692523369559930303550958176261762318495619
6494839673002037763874369343999829430209147073618947932692
6244518656023955905370512897816345542332011497599489627842
3274837880327014186769526211809750064051497558896502930048
7605208010491537885413909424531691719987628941277221129464
6829486028149318156024967788794981377721622935943781100444
0607976724292762495107841534464291508427645200020427694706
8041775832209097020291657347251582904630910359037842977572
5172087724474095226716630600546971638794317119687348468873
1866567512792985750163634113146275304990191356468238043299
0695770150789337728658035712790913767420805655493624646412
0024379684543777339026472512819416320076848736251764065967
4069362175887930785591647877727473927200291034294956244766
3082007292507345291707642266210476730378631699542374551174
6522022783324096803524667663190861011206745856287317413511
6229207886513294124481547162818207987716834634132236223411
7882310276598251093588923591620551087632980879931651725289
8001237817434896832151590562493347370206832232100118637395

7056747386710217321237522432524162635803437625360680866916 3
5715945515278178039217743228234366337728111863905118930759 0
1666650742952758384008544635419317190531363659724905158409 1
0658220181473479902235906713814690511605192230126948231611 3
4174399447148330408624842691395023367134124251238640266572 5
8130943967621939655407386524229897879782198637918299709557 9
2474732030323911641044590690797786231551834959303530592378 9
8175158914576504080251094791234217584828418819501385461656 8
0301755035580054944894884871351605375593402345748979516602 4
4233832140603009593710558845705251570426628460035440282367 8
7685509826781617655203757956554816778960389274983556087915 4
1177749423573400764161093294003899982199267257086957326068 7
7497422480202330752518765025596842076069322998858757989889 6
4607443817881700815488952265167228340452772191069914157646 3
9485231126794730865803195076455197675628957428881796812090 0
2638714525785831527761510908863174024369568056787301523542 7
8047934142664952238337071175112653755039423720987846680491 3
9473446530714079622597287130503077258714875570502582573466 8
6661380235142605611619740554343654869800544487929597028759 0
3522584097826835986664465860456942413907290952662499329029 7
3440568160683805726626057277088407073471496060064561454070 7
3443278251408747427550672230484535700609221439000299298160 8
2117170479176145051910081326703752149307405678533111060583 5
2912781007391749949197845112915913681107394055175208019630 5
3935074024850955377250036705466516233043042508744232426240 4
6321150789973369299854070416562610419767002024150948924118 5
6092409637604429612002364590706449770627207919019235964807 0
4892363697986019828308728422856475235316288279132429552481 4
4475055219096720460806895451817122049303218537406272474215 1
9740305769043602686360780792004776232429551829473522027244 3
7633902772139208776706571624163975178585925442692342853527 4
3288563368507896519620725194165560618703705502184628454342 5
7850383000095374518292958440464918838685793483961151297160 5
8166574509670367749583666669312188176367964494361713041603 7
2430506584851317492640558551940180051809084752118682246169 7
6149243238319486434415908558011073070311201502243416073157 9
2952875293683582039700338911211417068521936658978945950315 4

38958901530382714300192958907414994359289408309707707836287
59144840370450386189669758112018523192318686599680385838123
70329156207578835948780941688205531605128190152647592807574
95815456422134145937816705699286829989561198235383715788048
04787045841753946654976901732203108900703033629117673084484
50372145669644401469545173857434157810158618783839278552609
39913057025557555906094705149809348777332007279757303824598
94668096808222213484858738229992817940908256652095816554724
75244566743697594474686376332428904269776106791933910983300
42231029372829879890320939109268283630617361017387812367989
86451493117024371282858826304862988844922074156406071470591
37405524665756971870217355287245439427714809179364437650637
86186132434863579741125852086345992780368879249835436329845
76876501650651153450086957212395075447856831736315571535270
46524235259737513408825461609661440746675514226836031959801
07215246355106917187133573168548563128085783443562367095965
09499469688206611851180860342028213318012494109915026014354
50017432730793625113070298250499417994284451146479329154599
55590958780762163666859179106543596606525352532027365072598
91212556868428020772464877220109966318295595529033933122843
64864475973560859840760947298389542433932623153239918981852
26418083129633354635687482886346561850481063228880559673784
45620009414656034992808794051153100575871295525719641115068
50340773710604380371259575596985949362058477512026354947347
53474818926225419035267161442928489985753674069216527163008
60606543737368235565886264863436891532180955722044567771373
68310458075584529612832832606319629728527966674362974800821
31862792186904428434263073576070399966943078950814726973025
38173756949227517953543261569120405948328609499923664122878
81226419148504856328072066418557059520375030322916894489427
57830609091085241060140068327420558396977382315073499610875
87637042555649640868550719422563449667324306562592504745817
62733281816017019698166542426378763601453035946538450325476
67499973734083566513818602515652028363738917101654541488267
44480091057041861626268379711208861413572796110990882929702
29692128180978798951391504270936786444983196420134566833908
77594300644248562301212461451169792193963440950808322928129

427043659914648274998437594211302041829730841717881309037955854560324717081919530277146579455547554475428443440813938890860977601785738930751866190650501807716500184074432585402418436050111824299070232341724367452536534959479906333454075437181269939983371921848541873597984534893459226851506818266249007802933501265882497422624188535252663670282766249934982948874833106176420842901692305289960897860413006510902817980504058710767117904113021748279668235300196022025318557678984331758680637835996879160153892222023657576558158661140919939486159920915991755334178303334764313163501270539069707932656781241590643428472136023521823674121473312449994433415591527431593168747788253315509277033620290122259779480985539220006452716228085539827890658423344755282127651765057266326769114107503484587189699643487577513847914818363510062146681858509634888708145697672202016799119946241777668890791713686594596072646853881077878300216136827669702622345941873747673353799888440342704680304255169412715873932039844437460454781611305662517641275982118193966110185056288055594256606003231211618099462212930100247091334715068226843045868030090424286168202556214094608790006519109949557081581650582898334073946608445756578063669027284346201858732825292479650528668140850353851983752363745192562279549029055790703028395010485483592983454281448730435804705331508151050300152142811717539364913316617262123540552786330800208317705563029496359420165433309409417719632623411938710516157010179805355167937086029136675698609712412036858381295769530779814136570017476135696698614606849143969957383763169582460251334210807262171360194301808720988855141502416381832597525959316553186583311712685794152720661221842266141182515465748487831261034783454674925830872998544742120644509523324505087743149616655525179716802099172002640937492190756993689633028139164720896358177173555584859270652450486251641954055080134351032338981337830249770182275490638149996472333407961304146973947637265086927334710841568560843092131624043462986392084166005590459850649124350526476606760034444161818640367008377411410109432058895559865867007786367189694408962232137403411359719913313594655368544669236765258901210841377743248219181 27

4784789228726489297003237187345615798159983483910041260105O
74696459943033197881063491392381249050306143340791832800406

19007280483179928741412547612308960683309582837766768828757
86886830929760010119745338983319525886196301329170943858166
15374171794496319177154312506959853481285684619377669894277
45917091880252001274990555940728969659479333167224362156789
67769667080352290390184857308062756708676586271047694092035
65593025352743418965927002227049233186829991560936413757004
98853730459639615273462939697495174806269645179301871998678
85375814159757993148066085572325683743052827641756700502880
40489429899580948103534833934144927885925262192415547231997
14338508663732092663272824351493364070458968385234562474436
11752567669877675972234392063575074715529181027626140129924
80422883990297879925418517499129630283990729635588579890593
31779590876907390564602562353356722155225946883829845288292
29662751371624221729546786707158409241840841475575825393852
40963302051349704740695399567897981727860920462286839735779
81511186815265988460694975896548131465115039262637774951376
15572481951161198772503445647107385134359273555387124623755
98193813214238441581929070046389771683887207916361741432497
07910965816274642971707287172514274589835689709553462682016
90853561089448984071005819203021769451207717745887955195104
73384184739980796306767885845167575729904306971542642383498
00987086993367091210839445350624592243231234827854966037465
71880148929379451478705406079245759006012196221239287200172
15588666345734971409533721151655985757941724419889026167016
10161155783431502546032878119842402748460851072240667677876
08552476177738330895026100643883505502054563243461678594519
41795669874968515244883847513618180667108316165564209369270
52061189851729261714171443465550870630606355101294940030975
91677991584260491971209543227026784326542965724032720887143
21999645313202587109677165128549669962552698607311763718207
49882739977060199136209308323073683820645573256376598291257
81314922242204279712414416299512659456397927593803838047826
23160424325399132851123032247037561942321733047854078576244
01329171799297924078339071575798142681686465538294684739920
58886316559349198678969628404473449680240770928313764081033
52255242717404107673565424441004483347440101726441052954787
29634589864050120360802445119035099497449397361718157527709

378020923666813584163626831926340671418279742134254622070541

560005095967404561684045177174795279035325493258912048338574

659009678173041600052108893461076875400424197780308288518

120017336955912713771419501136130440975327919050489158324 63

991434835316486815485791786329351239255525102111827885736 96

95962169085383535370381418115573816378209032561519869745357
64641212549807600515614170729804699481359348315056811664279
32193352798227147157673401860887215187996693502527007575560
99719882863064285448128275139280694702750148163289727314347
34852852950460488327167397898156367880478044360210900732072
73697493446304997314425715604331336903876181009488731207134
82710815889857483265854207510077953118326861708037070935927
61493678253085834048235100363216637895742620255035011686154
34073795045164828967556983589355220201736795480757819095026
97981271148703431190363112246128295303820512870430929471974
59469082102563478899543177152437969621128122450342606639926
88521330791963702777804488579205730469908009234401866381132
52097123096476059989947925759851008173039606822219975327301
60658262852758257669507854726034938298133582528178670608512
65600226887178112535978293373477914127362841886561759208328
79447410969703879854736984025458063294835022359393543587480
22398976091629625011047393116944910066690723063469313016971
18206325352692440438400937242844282097093648569094689200873
71753252557030543539828727812301139808093867015474885803445
63187131960267854879389331620500767526411204439023758334272
42986996547863685341028488573702547255023656634186809190383
88670787907208403619402164670121534837978151832826472578628
81520710108149955898033811896156944175676134071704653851217
09021237778843336496518721199054075818773943975283641439530
44245913903178813004188791887114553148267469987055587931040
24038888408385068734162507165727418513495208496367095554245
04394839480459791562282824837879341527203622633695618055563
71076814888893619275742659935823559431530887933052767558747
51236506584396947560429719200231986802435171993786810036110
23125683642560795974105741536282971800464977485737183786390
37039015397374911654685499716453941611216417610717145401765
19056505252066227788312904571969320599024137539598386198260
32054958395016755525096441371182225614960140030230354078992
09698677507867200038074267970530307167932296015648622808518
40335235017060858951291222324611783025316362894394607365277
13365116316464461990990212249224123151689927678558637363155
26002503488487813233001910189399616702731416999626511945742

6367619650024347371727290284622097983948710659822700099549
8877696188505432653211802219444282228425152556141187434018
4194614139451471287252759239125596443735683397289633126767
2349103563329612947191015157143115795490933903261411918654
5237624721531102079369115848742205822747343201735585077122
3796985796549158062795027409771688611480761631516185530685
6924571717692204436684331273989337941116297224516999854685
2215702417594711769952916550211685500108985761934639455908
2627077531146577522388463435193765397349848024549760760244
3080844890106838786972612370978357824516680117148598367940
5290461982621656691720274262854823933960018254599409254308
6969103297841123402288560019054934275022318529471282960969
9768137341977042781213001473286776057194059699792755124617
8434956985641712872481183465420642318714551824152867630567
1311626771773506175112454633879942652912701057899567180572
4365579183506917779307040757329043974949958224106238105149
7650238504182730096620171750940590805408957283755406355152
1996582075735131570759236153986394592111558640009880975526
0538382568992721584785041746065161511337883360976012114848
0055601658124924706825684427204547289630942030665044529864
2235942260085549915891499536064984280345794927570094979594
0602378775019470624632394954957823082283066840818802521076
3907423097372091628533717680621644693543231791785530583317
4208479886303408465726426939557002685760575393478885870946
0582723230519108117514234912687336585960799891732928915896
0181509181633740080603547520005151175102901229924870961545
2802620607616982721810291673155489294237408519674330791660
8499055782101935713662435990883613859808516156417476946054
8554008195353067080308969763045294686823321053287823743894
1156851762717116363094014799096494563545929501307390036268
1007326370082356150691269643183351716254390304698989314261
4426359511363466057378654951244574752621678954703628904830
8499680403772251343193737344123661858694458806401858407314
6337929403863404359194198723552630156546080518686760680431
0845128459160424413269879125385602991599672787661951950531
6488313469325736689464438255813910848620966374267457983130
2223438725831244220330945714575414704792938758582389977385

5213523723895596643122356432626286011474890868171592810668 7
270840082033771869215352352692634722680908259898898400262 08
152178282611229313118208660070996860365409818326807558247 76
706950410997586143624355216194535302920025466736799648504 33
731334952082107511992589266389956475698587079018561237915 78
864374469037871509500112550210038845311923652965599461900 47
484662064234794232967006052900370917557818870819352214687 14
272352776325598980869487211138459800141238421638278244127 36
542446748833381679716201128861914154019367129094789902646 66
443156098372961501968624228250672306166720943546571425149 30
864248877859868275958874906507726025095182953676518118236 86
169447243607837642947624692263194989219646440683169287661 61
506050813846319415116202577907863071801231159458603896562 52
655422334623445450739478869026815949751311688514369452102 16
883190446168629763325229863851818850049286935727647668238 55
564636554496400631764828557578586661022855156485990882095 86
894443625469867952382268611596991005636608292679153375381 60
661122478695313261585318717638859893779291889029987938798 10
003697307848959270625410484859315854323395683104239029907 02
634437978756918554340897644076013084448197862650794764408 30
134942435834281885915259293471436317533749589701072873501 27
078898048163504567666769320755305184043244610074032167647 18
360837084750651269307076608498252990003178503058536821395 12
735038638246056425103377755809864643398017186208142663074 17
259222600051109134268107467012901430165410106493321228379 08
275150010035300156545975083237729654396973820477416265710 65
740821649960626227496187953347907065988974871779564334064 84
174564574790692517014949981009535341354890875483632757952 24
072069862910246717035792514417667038866099069857262605812 40
825336225218992000418975745765315123000064445715931701771 68
863548333305192158205594611735771632113223393196532038619 90
051161781713340010705766526899197081692022194647043237953 56
411866063920558609034457064151797782145054722278852987210 19
785884607004742002846887379584422894997433365627187799172 11
379161644925413297156528795295326397595385359209501386333 80
507561369530899547584883024261962758985941513780515805025 76
754040178579585244883117210508927708922727343197382388468 73

0716823024878868858551010807352278140537140652075810727084 8
1672639770987314551626469114232861030369329843303003236761 6
2714264067587806731883971515002798163374779078775038307986 7
5940459107392103458740421961703492580818990720596129158642 0
2028857340091149552388651079113714953346397639881839488045 3
0075074740372280936820535430494951948332833470075161979008 6
8728543996298157560589163762472306916287111113767608648032 3
7524596649304117539461364643378046711650555046706718362212 8
5795048067165630427626711429999113487698447050370637900181 0
9688862972175795173243380278061747049630204249291661917188 6
2433555992820932439194457118863215563201616542470553759386 9
6624656334121541014032286990930159132885808831241242882876 3
7387274283803859071029274863335150309044532805259779565892 0
5545624342979827941348917563824007716121733247364285401606 1
0044337641457220785921715591401037832020132133833096380778 9
0409572381055882939279637438166068683519505927701951536160 1
7221589042878567848206829194416987181928627308270444163039 6
2547130532843883379133747687358261221162583602728961624559 0
4189677024745382758396652299371235163048983301242141745578 8
5915942560597924277218199085562798486056174536844789237969 0
7975594555154646853163024462325674034895845462256744858202 0
4245739199425309426422450420268903815015268360241255980759 7
5236481628093048912746151196231546114008220563967806585354 0
7668688227542650381225999162076017089556747446524234452017 6
6165032594566591296678632462137991922296145867142248249288 0
6476803210864779941004100600339067927523736254602774296007 3
4788038356687522003482457694908456862696057715701919174892 2
6063520812973879744383548328613693956245039297680578322340 2
1716765559177668403757234844094617629312884926899368713898 3
8822271060279037990019045583360079739277410926655739233147 0
2590923389065438842235132411538801855923495613993022391964 5
0504503693529270115663051533519186418648234424999192720272 9
5345959906304872360804159576002966812111683172366038110542 8
0359144572024825645610571405546242082134352094810841715828 9
5724450720635468160023051201408480543587425261710176818538 8
3557558717415424775449772221419261315525269109175563331932 3
2224321852542218272914915981058368970250352281300214119248 6

01424806807975369964777193949068046835528083473276103060494
09733091690316783097934636611832784531868716462680738833656
70456601042376850580139507443647963922284112697945134773004
92498786496563679490992913271252897765191817542796280608493
23755208153611132403397131655043918879601983821385850007732
42461778849187581459642642337889793330819488160040113126525
63569324465939840063689031525472292399141447437706963389357
61926039189247936317800831026114195485436051577871600495578
86565797066588551042882466363057207778902266777042512681571
97953322510763890368197628440286102588053923393294746720240
88541276492386447602161162620824212991660362299184923782236
30098347811952291382184732634228575912097980547828525059183
79833680178741124264474600225624149806914007409797210232785
39575615128345806165411117926710427990579394497134946328950
45651286884784187175802050458328387485313736911351025506201
02775345809439105001021833973245650472889476879298925945019
87507671223637918758647201214966061151280487096488630562284
40839369443872169212084920085155838125107074195518720809374
69424597311728117210519289038963703942357768621276682109318
27636649840421249381440979598631142254364839654999834790843
07021764385554351257436828228153032222380834767951113557014
80631820045322072379489186357214910624252699399467101536684
62341051533381426847706275852035240992079720869914537301095
51641503317628200196916411546026820723669255275141842996992
05398534330730680573723805041671972211273740507892726634063
88506867344585607732666483845780277189114758013231055198784
13365218519071460681389868867103147598264611293795439526672
86727599483359025974458786876849646268348443441413591771458
77660880778453571839329371937393236408356337576688468211117
99350554102085561884901020160050563954168745108220603555410
81766646052412496622442280454524321603203601946413560979200
19590240497929236732989245539901019801121402908686999205758
91777188074146122205024728585715367530747814389730571787268
36636015761361007722863196388526462351255380773194595635679
65382362499926551804330796359621106745528521429026294982656
75533527310046878865731047246649332656792733134512295505918
62329373933260860774513507753090157444382948733977960532284

935830136183795862648032129736847481751647691366211036036950
91066665051717115082782009327883587225983940463068376318118
08904423626219988123682680785795262197216687201745517472627
81803268305854880397097704793483103543985590784355277667603
31398846052715031388563324676889271045958519328951391678238
57735772658100479825639355193520055204080028705967824973937
47886052835649359149783803779649600052124458347790017560424
65866651998077028839438516380955043049219603244360903400851
74660429627430976838715194598264473594023424821104475729111
77795877313415536095275957089861258677145625239945007593802
06093550248920084767332293085742222550206455690239126543663
57852427242905605320575403082101451238209021746697579765347
51725014658374788480805377351504222240429576036137543248619
96558919392205046999821062931609675651790751322960777857553
31026585842576086686764535520927748275567545177169950878941
18059363052499449670123759800655349987396663953944170170596
98101512719333118407679232718539539809764048527846743872316
43291002906549530861283330266400758012961849920702200255597
21569575883761687843643467927558635739722535648841330601192
89574642809357858081132331433115287482179766039712579528900
36407198923328131611640416937736628013259738222237426818917
64895964227033803905929596496964821331144731667650419767811
08490966469425717069457007871264014486522428469488976172567
46535220506162107300101926248314682120355169950152200731638
40041320303332423121670826854689317584366304307843507859281
04478492663952652398718644173380085681692321347429754583269
40216125333283790096064862778549412667951367404587741694559
61407626566250299006922672678760365871379327960418488393933
93469263543415480951836233233175229370352102914641331275203
71171667548720634738923293785107290295144629274154676194794
27471669160304978292889614745870264997970792063872408250230
06425544995904011974108535167844409018806462937483544396144
00353523310304041178457228902958180581032123743825898702747
37040106837777159251264535706508300921479258349892475127453
62200610585457599736931352970781437428413405519544467214894
15057452839171603715453082525558343202512542416624457524562
9644579107697171521470951850550035505439063168825810578507

46356562047914667680556984384552027709969719889807233714869
56356703177687763789743273492829343905145567060744607970476

23210050039400731066320752572831471151926332892852069672393
47175098295260212549476433019535743835092582831113391153906
33766173730772363027988986998579945016592376906754883798892
94006051628261400481504694828140330839164342486509396354589
09132805951116334550365634824519150583179498083182728134795
05077271733594966337188214919283787116463903566925779942457
39435547304493555939684803279020861419681508260648109246885
43383329866390745478052636291615627988031878282707451630327
86390756653362197506322424864576945975359667320060389826293
00007612514947980089567124525695598275854857690124636865949
42242277271771518496417510715984163572072412243719680672039
27064789427894217128426413342711831847944133460647243141150
15509855117124146682433123520628406572269260690474791964472
97528322749569819632778728162595401202053807329582500497445
93080978240952991296542331849879880077168163198608651208831
58672565065944140618446837496318929137459934216034848228831
58289730942161473689255851699271553115588887600721703410244
58744020844342827300467309795555666811501300338889583802314
64313829002600763228503475830780878895180313981020762788985
17435347822512084675949743002443789584289568075266320362769
62994601808349419949127065591308400058626563996391104068510
41282007153246256426371456355757694528492711263557719632506
58965455364821254592633552572925952814993415878776515692231
19151023373440716991656476398200089698462984399775938539811
21332181032819896994579261764935829748373387752352859464035
13823823062694536345810031936725020698280738433341175283157
31434263989641634712705303477569915580031181591809113788026
88385475769729233988828603230299770430666288695530121027270
57633959897689410249968479498168420119925613480756440406559
46238370872368881254894914879487348086141681055211400184551
70084444842948475507327366428272220633658240174549880829130
18839140156809050000849546573730003274779720991750746178595
15799532022372852359204007425152256386166756203188398117618
61196022162847431907970250367459282804678178536647393560035
40382782818457669478233745711382212193261672950104270694095
20265028052289859093500239449087456262053452217311940957783
01953605185038549614062182530618203651827337062111989390244

88975386358180994491815784878336528865436542248302027892417
04968965110417275947501781226785814391748649424357300909171
26487716059592097445811462955422310022008512052258976477811
48270394267766642782746259395117438071986187222655865040300
28469146927864680031836034638172640570270742262034297187555
80993868712404656223338914646583055430131550952851097263005
08051882652726853353729373385691826937171677303161186474948
10424215127915910146065697953331337740959367493264414637024
27524539335030130992833648540706984034399121245249275580299
79882409206644640425859662008887419164987730275403729204215
81093781471313622628866669454742124495528490914921933719362
34029433712557556998865296623645035351920267776379424820828
60568936231521523178850145213132149146986854835944706865850
10981314205892676416115162109405356780736810089734245872932
70521085357267638056422884092966588447779527954671073519329
54747130150792208403282322044289446782183965471109021173407
25139724757357008555312743219996751259582568063235880883884
36620326226619141493474043649800024739833209241183866742960
92694607014183881781107142824396577963884398647823137154249
89472583041145149526872423618996763058816820846327437441210
39055276521871073556452571336011455804558568455865043285991
76765196193271143498665407774514500473072711714795712227572
01812886446440777517460328242317338533765298981044232240467
72463204795179809715760258008857689751340594805482687728847
76293846454960402703705085394190927699370668045517194160403
76351180185513657545109524703460226002074174282384948178225
49063659920847490375832057446779591067556606407750093471298
17005818769408027992690460594987211763415191488225186704395
57310017937100046657292180372848797971569227888839704198254
56570642890898582795862565990137596875007856985342094439959
71523667673559911557090061413018853956006933050826115788315
97901882912877765396964067539208084858229047556190518637549
05941764720809084852392996636537774687098568014236137076370
46742361802921867959247697776529262929041798392750534329433
84476533398501228283627985150263745427966717714841975733906
57287154305432157523544932053465375423820484485088463459085
33866772925385204449844131368637518941176848626136036819373

6351339325408068522692147430732913446762529322640845330844 9
3864715156181394136343503648177947550976339255988278690369 6
3238633034257944529229237752032874489020040532668139354752 8

64245864447510469029976526749734435698570853905781915995859

00831710788210498183315526148505373540750351082239392474456

6502583428128487414927536050735501492751649655689498681445
7828072415400901161769365898628113745927903225784890933976 8
8160867085700299534572157942098099722053214575142715411220 9
3988698745628011653320792545519698519103842815726835120109 2

5730111114109280154122806666705878555092703338500983115676 2
8516164924255092928303908770988934946072349028658560205422 0
6703715680463500382605276371082398659793184830936764165636 0
7907066052334341113779312161202058809514614377394768353883 9
5047212945283498654808648378850194676769456232670199871331 8
4554534837360845127671800567875423588719510589565279780453 7
8344846504681469516775381369518451030832390374965716214330 7
9638601544816144955239351112121894430238269540578601164673 7
3664795652065872508159275305713134383569920048999618043254 9
5020521955502061792779930564245836658721675351928175033449 9
2391833256236162650208149035578612440518344040381599135827 1
7384337340452974499964059918656664153561242430800162617933 7
5092142965808828322195705784317169794628455133096838246000 3
6989961805929879506603760712432725597536508820386360958809 0
4003800176047507866974433258772321543832599839986439501144 9
5415077009728226536958394380850912841104162909663701274249 8
8176163441016674234005068361676482327103889422394820253086 9
6722292524340750602651298857635878137500851005688687432827 4
7187323242898477335425815041625895502385448906849676764892 8
2970728115843511676077617260489135585109814789508429849836 0
5593659371053202059979044369735340166287645320637188693821 8
9780157321907629981036125683876483872698536012944816073176 1
8658066805968373389411982650087326242669600240908832076226 1
1783999157440210584278984506303601419933928362455402768350 9
9897204218596209020162101565192235842119488202091237839275 5
7185605541656205455347196978661235058348962821286082084034 9
7311998810772590454586337661085050958238503075128425964285 9
7494715967542592403495586097964340196646672175723723707078 5
1846466383706717029954169832988691247281876802738125496293 8
9876072234084657095098943201654876047933946794685134373263 0
3922309331790687303169941800740480006872513659785795859947 8
0199496523427286889887178135161715505778391587138640405789 5
6591823213708140058713808836523047167127182200601860881125 7
2603398624035420675212769089210815522603293004441018906372 3
6591957119530302882485868478256488300525181260810354213518 1
2247158400462751059244487058370954083531897521523610342040 8
4507641376742347300588220343231604746330435062814232108294 8

7240902594764411891032233740497947408578277622048261821951428217981124372676625846895195106998673740227323002602615059706421527460232699949700615823592828222978328684019972903653781681600288411730673324496628384032435365041397536205509105219749095799860595726941384024267555967486377429308583140664803184453153290815321549434582880442937355680052766701800094788733588609136494945838526892791365594342881741864555941029617929958126080970645474650902342618403450108124033539000610734694120978386716277216137083614515110500772011704214057510295511491370255453350206814116524476917845869435403411879135071947286833389662476101183017004972618956118398981605390920089117277245282732995868083801073781314001876067250126926454645097673374700236767820135235673242624788804823436290099963301097657305710745086213218779682807434398964835524271448757305830321802494521092319912041786298321106456189823450495054397161803039568512653801492251694878479554724186382786275823278212993978207428675547109249821824468614795808140835500466875596261579061717590219271869723784547241129855757317937479535182955842991336928140588480421571538074685311302335494627214184400563239744587537727518071466016570650353750000780005476100367863699111323985862132218224624643435010363223985967017289928425234113154343262930390735953429144139338742821872148418613127907162685826684720595466403565113327927292836704215333378156489787872434723165771081189058811592205341344776752129774635506551109801811454708921701244106349239492424226738349439407865465836386859700260199154168385586155789670127220023220031686195419702892475742166676680152480824022111156190982909528829342278406490395339672008649956965447075211846134340977857777364263165869169876274954188683133247514531590023354409517149140813592731911461920067757921585633107612547070933961164415088007272939456368492532718589155168814720960114154056640038921028118648545950411900558007928394716199676003018770007299166134878103899189799277933082603333833405791933860125992663543506471009126063462523857434635268474929790657800172876659682562194685410779874218445504710482511389936542799445932024438989851344256726693278613295048517020426704168104239887877662828350

19312545495101087037669638120603127617996218893187778305204

0746548182119994822538814300401681144503621167202444620482829677761601656378975763497955487255108091057813394203472774
4847487698984192182808563041649260299176230362632250441829629652154385628760703742186814004738630945015910913254210303
2561351107575582873478656260809325645074346337233422408558581633853715306945878269202052395067272475369001398011496431
6594582971648686322048417952196424498327948806313464620108913932870531345561503788769211459272685051467713559958906322
3865076477828269016803601306170856982886336353398216641166133554804037038210034458380815055830340179712082249390950385
6609585571395374634762832404217519342656686392559177433783255482070386105633012623762876981734728224250946153189070215
0820504218103977489407657214990832478528545951002467959739308411062725225415696493892368273581434607727598033462643125
9827888944181849173802687044960388670718647708315647875891178035430820131865658203435407342292834745576965149868391503
9761412613360789480997559164824906255168553679482474050984649608568188917203699873757964398001165295270277237226019357
5557202326310147686928476263628518930484926909264098547249364818141283168938328312579566213598835544520667408958409231
4862575591105196220005030802042573700289966012413635564880280339995694656095885763219926030004685397559802876555831710
7063997506660476148677763563226116127152242671096736184025291082552446153885776660277960808983028370687781398492381254
5171789875779067691651324603108755181479600121676201685543613887535111446464459659489862868500384293816775979619127299904591343960428362278214574384910806626737203981596833114583132775573719396476213947036948713448379653367208865076094
9443106748938628101668608093548762040629531426836790162232434421625009619198865282501847807500930929896168789351440485
2784485210194972931491229336642838361095835911792669732105032865863719619130649857332086615243198917751756133072533690
6062894401403624673579168612419076797307215389609926091477800392182909660567805157424539481270515827865608617662808876
7548528264353457929751091037432431480490509972013400938712099679922667327456972199757397498352955663444532434557032626
0278293136893889629676914900511179164157396415162234596241

387998499723972106259104524266556282960145967901286176415352
478643304785581496257111395603251503631837450619425879073
2974799065403378129323435496477095994159702169181036814733833
33064151387713221517339840938174656833323752124521204263514
9480179573706485748255881296241114146469266177478173860156
1556967768080635428081339262222680573586043957391627387714350
84847701866265316974888647386824309419601892875891202138727
70961538488095065653207344205898497856821448109934432714379
41292340729754793264761829620403614436411274652404369175428
358566140595943326100913231448641642049764947955201717108
651706981224160848217072171016494824798077491801666631807604
571639525183860958271832720865705298255892664923127405067312
3487720349779982956094106360305165816819038480111470304239
01820457583727316520859225399475109389001211221942666544590
867792691371154950789666576676546096288277775199570554507297
923666208523507816894340032047543740400762179909188135109
49939669431342798599215806292704213826756214353405924672023
502064258541096859551282959888016794748534882762322608988214
26027966949488339973538091153102615727526061516646757472311
267311304563021016442756282782191487924669897532097832652921
682584330479085478336542697584330779557195200010120787240
19881349498443843676382704117421003695116901118016832699946
612010086053209415790192889761397840351651115993464204441482
768205455063418483061619799460270489648952438970258434171773
190315330932147980542020896195125075929364901627814740773
2247725732201913504568055999785692775430546578798428594684085
867841341145382412407206567559826482625761903033834174251
848538540384703710069087650808535086402176210101567282914356
73677110351164397836344042830234780735456691438177047450894
587211787839154166530924726979519526863928233003716850678762
07877548178391081973218290478799329139607887417683308186531
8199940659792678221322713459632471409529463076197396749984
634936360975806725366155180785981453495358216014802602331762
52015063663993913514287751153532124112251505706572311520853
765028432210158406189825700470439171864907241208917145612
024917300437993499942065866379857873460604806192281194643315
629256867108796971234962364061937388112180207379159818010

7590801132722578430025011137880349579204391899288300516242

2176003376410793371968133192067582991826078485247571177524

0168349348194140053916463935218273710489150036580479259761

8343651355349438431915092146293081995018359167094253026540

2980324967615843963471143532471437039221486178438282611386

8855215984613445058033026369143941743559917537871666881400

5296893435198765272300845846550156565989521130110485288169

9415686706351783192218559553050002986483254447747771995501

5082658896713964088988056795806691606580609404851392801022

7697615613826083190760332454846528661464942948396677330080

0732006751042625141429624471453687509706878506600593940265

8778610327654702806325729906196897591887386672305110123794

3292597649574826255195927394471764009255618521185772443088

9458931304570975272586707145565142360341819890315195457218

6211491710345305965784508261868074364977358317577008647587

9643227445489500780966711961621513676950853089233612386662

3481102939804607435534272724428104903280756767003377271120

4912843448745081356882215603305043883517541081483037534434

0841220816836058132623457677542793161986045430504448510555

0041167943376713205581470587272088253604731064967931847963

3527884478852058731828660065633493256023590888983537772507

7020050541440210559461072076492440913633722789739946639751

3411788366312509006141623227657028541048506797449812718146

6430841410300237525653730495276727548454599978716332533105

6190240215181468100146512628510397598394128823698621131831

2477649679577744191332394798552871653023199869802398398473

9817881713331034433989083795800005131965345233833901090970

4471434794265026285740315181520354650728231183851986580293

2135224379754319380198343291431250275776675431686988860286

6770135003725896964458686834176473878390665444218192358577

1078700231917445428714160030268283724049464360347876903573

2618811431010813218855279858973034505344033037227691514045

1823618783217199889890550829089662419765855980578341428737

0648098529078214594112649499219651136125677730769946058020

4072391808669002017569564175955272113593375897911604759823

5587253564456825714374658566889820373705497045290715846973

6355587060928012017697805329357967838079502279220010520167

89887325410838931925090717428881081070862320755101848004176

15602602458721174560455109407684697973682748145979040455219
04841801154566347833534380881534140372398178819077576306472

30919026882403377120177863986046398002560372060692953460153
67351300935166490475996904153484422840649464357839627395979

1491526250441754527101123578680129893682849339139638336607 8

80075504562645374462805259328415678857985069010580452797562
62857220830478354366813133031723323813526470752577952330152
89166395286543189995731745780167826728146022264038189956693
79948424210982489742008823311140013410440951609308313090546
55031595551547397748022146240676110527161375799862835439696
65783552456700793604975187679585004347859444483487473455259
99632392588201044528789576723339110852081379948423471531895
26128187510890512135465496924606655767345185717740511398090
05074932280070940569206554428799289768091385328823923127426
49637907197997852490903046095850203281301188191897987538612
77050983112679686721178100609428860334160740802044853244141
44579454721054698929166499819415997508117083997585525312534
79307072377194823738336760655418502113337357535711604984088
63069626498901511556298277922304333498449367839151985626850
43252008447985546296912629978831302936306463370450331552637
52040473922415707285777998802963532890069840076781896975635
40217661942944247537256498457226550678735909340572389793781
91460803198271139248049794110049229814317594991993103280897
95747253376814606174543313264489248037013462642669263173424
43574270517747565067556341333600591783137637375920389020426
51716918654224484136094659863626775433322172909728067721218
12294501776642327167331091927523377242450590808589275655643
44115484438889532132702856054060064352403401177439426383149
26942036676773124923344604615279222871174737320682073795040
77538070248751397369748722080794183627245792671586058756843
73825696601528845015936360579976487955466689796317276414458
26714098393026058444373118321952735782429923805304609792532
17595294376466967178599565547975260104811160900192559877031
60369289053546421969361790098547207855125725975325768780341
84282394193011676471278020013244905417068719406087486425099
24900412437779902567236238752134487546868018057002677165904
57174167509358537466327846614717022291277538164893581403754
20413163179662046260168300583584027808425084706102856321467
63492164415596565399512441115272252098855763180788086283744
43953733638662891394399045918693562979931691320743108491238
78269670817379838027600732835237130570383538812019217807455
70539213125048219766934063942802345335096980545219196416496

9664205192232229332522498099068094382986082393386867739544 5

346592478558756550575159428611613176739552834815080851852070
154795143926672875105744138676971890208777611959245935929080
638396962005768650996293038181454912807341809720403203633660
766499443919936264145227145073503705907609385752440000947480
229713623772159263083602213915885590946140740697630129708650
696906676244218618363552047279035331753093607797787984708020
390218595874487896074523749056283747418931026806280481743380
130019822127770609218470081525232714598672343785431049783900
436493058607645357560259838281625409849639983181129718814380
639542654408280086193057291799568887988182572440923086077700
862635131360946309767740997028472766829666854290845405202290
190030343224718982049938248060751638727945668940849736665160
228133694882858339531350502170536111817502101016960937372880
217468389261806871887211712203206733649831281254572692763100
564825879010685752080806339287513648175837581096955969933840
841991062692241136561171129547967778123862393493414008547050
378458378285151232798730884093735721100458603654544945301860
810732937611086797828280343661333397805386148635943716350080
771193119559848021828992677797694091393084926892397161087510
625981364642795191163033917961291900176095322165573491103740
712094579004186028992215511759156830362494716086505186322790
742956136519830351897142876022375071605999046852270284824200
257009629938279147818015406641691792596965023061674967724780
419474142009242977297138883251166552227303389644473052704900
241477275647154092376806641652822611221660551903510495321690
538299957017411465102998489825164390569909394598682049855250
831287644568389843421093658943105114075558384927893699740950
013891988212479916209888392435587365554523753623890641072660
313657338688715014376676574392829832073461314039495261709530
084489658005655846309523296318712451836616630427749852736200
234906785915576936220534724261112532638914302528937667373920
628606460991664258399987464743414163952677732246933313408980
922821352367160956282513492348592680407355181536071965673950
027069135357634343767443117249084553776703266698841449114800
888480132493025843817701187856663572935398781140646588369410
728387365708433757510447991235973659724344557427183847336200

5608908617698288316388283825229707658189611895457298258107З
39454017277497834540687764110778004407429296639807958026689

8087828153790470854457596761421037723612329619640229202289
514696881144705828930980357001504103694841705472869227519704
4694697292034951969766217664143620321098749717299081440003
7157392818915284083197422943733677477825870921871722529840
69305556935225836786253877699037108329877979505169169629957
60702662487725611153210245228717970309373800563354059293108
90187400495751330564575546864588192534437227170484110760458
34505257242917684423561001394566824566042880004740729261916
57544095336500054458333133334866581972749276001242323822517
18468930694085723246155423928138874220276616937979356634410
45037115598236757714312491279623141150164528880440942390051
73464563780362939532778780163604410427591864202516771182359
10812494784489548807258551257454960799569180129713172054038
424909608736362135131097528620986224262418742435783767729126
41791880137675200320563326189241018616513034810244006856808
60611048112942740900937527485785858684092297315779366886086
19964429073615749053303451074679213921393573414693782678405
33131992354433034607195155205700661001169301061146455648916
80500091450055613784940454369313485910618419330189545486385
21986008082004028633222685779286594749900693607510578023474
20150353177373008364949891672893509093542120975207472725043
66618800613349590930611407110464599244759717542401996540730
65408416973523925041563550039026440029222751551910862941367
236000269412071278113087636531615224433516226691901231017136
29501331698077009767031225923340995423527648984420891092439
02756481617004072173927256602429583715571067168541418713003
57131023054472593770645420643730283814784191021868821846656
71383261282637806975309886082906633039669846839624674768851
14506491315186155246294792481115987311090797711529805880920
92858162277065275677719539311203573194334593434733729518994
15721472276190367800430879590479992664242819620163009888371
48845043980122446245560266040861613319972328497876159317126
81400040450561896686909847082394137085518132619963768897021
241523137818733130015601121995657035414106535356384524396556
42672721743450531708970862034765475867412814640719792280574
46954068492795994590458209018731765866162517873312969357262
48763018274805306560029462418101514313186902408749384112421
58

21508373074128337310032226683957690735069881768275484817730
49953913103184653278383865626717476001806278875804925400887
84039279856464964515527892734502001541003131905096271080962
88952376898287265139140819451167195916663181885337312798227
94780963841863308123249343682732708847168484082306510680498
40198996614184868219292371243226293284424830236101798391004
26990407744799190837610211112396067250719299793136517706731
64504798623225519797029925665315101596604596690150887068882
98252728640598951425047655646438613971390930202571945855825
27139271981132775888695544629206052026876752213679668274687
75874528760778634491382699563480082544144131825347204948014
21265432982967846686054377906133891020607653897467837990904
19822642829171356980043472466696993015751149537152043740319
18107954868943240622909458623262452209667574495285660164657
87368842465402656045769732900129583787420171151005742659749
25332868258662570245837811521822012775760787227875362544176
78516818491979949497649100036934909550819450205563811224964
79676624965078580232712368944622866979631971539024990109911
76720532965920102432741583664628510351940054145719071486388
24694469038224568838850078244103925016359715374849056945245
60531254037917603310165347750019986495805835536614207169974
11733105525404205521107731858104589461046273558070947146683
52878352224424395195109596480193399728225441237291197533523
33978820050032094830778066283364606324667100180087066628897
71576131803944530851778599796791617562364245799131874799529
51873675602067243360786278316446550471333425577456220329705
83706520846148146180327955657231128913791506107878236724170
63157427908602758268048328204825305959448653553053355736089
43668378778877908835773316581566564046333631178965577553867
45135965474379288244327761776652997753788443212262675878961
26638330684384900580057761373094604324573314159787616555372
26301616423353451002374635368298942478242558064807664336180
52377415631403789337126999008115460840814240586928446408742
38912457751936646699463735915844119317795008584806528052045
13861789723299109646117709762971698805474148640403588839279
50040568096688268252678332587535835160050579458531484837770
29676183263606491366056471185080491635911181680573568625676

7574836279625954231444084268694441780846545900109830083247
0127327673251862965281011987566742512371854719174196446109
9638143692252764876865242964332848802671048804488801559106
4476982918336443256383798347892249924247347347492558557293
1518611034534137335672274625782767187551285229615719350186
3251721759999422779441251276949166596411764533113076783943
5875570151126833978807782308932767292196739065650167909884
9598997183620183772466979164681588840040150832641339017024
4028639070088310664906834976762880088097131577264334164705
2515364717730661392722405632571001397299899095593747730559
6363485600615984961253518310745042828059910113561527646137
1873230740548644387095103762391293174413926799644747323618
2136331185858040699365837776065584149533283266028778546968
9430022926853101934301987370587173582180980066938912507662
5708474659506289918468346949911962050562881006235243400502
4075121256597621835683455225766840491652515707584146144132
8952097009306872902271637056385906105921696945735131229699
2925835675318834452109537570173563261816644245918307191732
5928053735184818309872294562621725404441898640397503845136
0611100621071808868929053885565380321231977664500797880892
2913907197183215533766071468815888614665937080218118486409
4912441578015869647372390959585803117354939639342323981218
8385832226906227304369154796477329036203102315846228211866
0828589608169094090006189644213461734468252143386306086410
7649130309630386061561226947756727056616419832266128295594
0541852670099389441814526699815121965396719051384313536550
3213138068242451734889475925031241924841752557403818235113
9026163553709368646884710152598668200629666043326715884702
8467252827367513636915893498572151495769695739379312933338
7868587015586438472121908813119471337087338232750005623992
3744771721034792168999587001504698058956236518854268293985
6667127230583317473946798938791798447572639669972565150933
5049449623932989411838095115220273859361991620893155937352
1319380127029848188296824569246640158910245224083340735294
7237676601871908356625734394683547048362244546199371292199
4552160770522653798347510666769463255511566494911680705230
5281730869088268238012941254181467305845934358127343340746
347109810169733784511370003614666147

77973756676762211878253942360370654923722566475192700250824
88886040622340981154511333422390177368411359915337237318467

36254995078089623831168239465051168547086261364021782044527
62262185094687714584666765889947937102845702785828864945557
81921024708840980548840494289202758632513512032768369165509
33375756877423110361610668383215808025643334645127172202495
62180605935860577836839825461822364498335419919081817549239
62168710528049514224637589120113615979984380345538987436863
79416430030513037889583127924845498683990658600640789933528
12785194098401671972972706993221339071842095517824752068026
84636165397716512345743403044324661478177119961085537282430
91711263519501191538103322617009607819792294603552601878766
92362124863624885129035442839737923251389555064014239130766
54675381145244024706837652806414248720891345137963859994493
51608677107460143274772385102847494666363346194172301607736
29762889772512830025808468772653015168202925087300134621992
31565387199041060550741930363390184442397874423384998260696
76057020535368456464272727034894392366484590024597949473948
60416671133571702812092268052781568833531326433175902994653
85748521847109720477182480567215619231319966276378282067062
79778643822558087274035538875576372258299905067359154147149
47437264983978705766331150533421161217453408965415215549774
62478886291183035260403687328220250708935308435234580815071
95695889241260528757183964963055076628600911167261753007281
73888458812373598537269299262642666002172976904093229166457
80080286157310501383405996052151802023374674932941095769139
99967663852175374648850721464227683648609183197332363921592
49039000696788812101129746358373405258687854457022214620873
68587279664145301762633541558879405907321222539467073782654
67560810746496041804339579538721133064646799286122948571393
38563297616178508911558276611979023379998663577047496379682
23993509579545082055051118930347793570244303528304428347024
10590461224680811375399707428743435120724179827100082933191
37141928877140989863705462711361421706031603887715873410756
26603462603469320575746363265306120596147410967864366328128
48924621727699060440035648313727017184326110762869070629628
76782483372521816784952087018738888352668188068856155382102
91793846881259759223871757568737766365217279182935988891248
12904849996547644596555459515319230198673421439626905245337

4634498603717927205427968168892955587945755341314658812833 1
0245574792805020086669571693957780153414390677074688444371 9
9722947314209624309846450531853965219060267110060566217145 0
5652396167629158214100393073338929186256703337144724170924 0
7944822081957934969811552492557325408808831648195199484925 1
8859797181791650718864975353694319576366026242617229242548 0
0560595721748153559340925382832433344777942345089465946829 5
4801561640088402355037323496549878662171076680106251027447 2
3405477738722823370632442234657130998335356361790451296645 3
5920772793879392700954660146105091802732697555135713654909 4
0517098691433383437353862239566253167050813221234673687814 4
2761854788305850058107851555678807693973242122087306618262 0
0908305041506079878672078008638748314710467962218043947575 5
6309908624424438280907075163603921360973967193494081982005 1
8930846341841851377586942138597002519235721035235978147565 6
2837006498935806194277478376736716568604401242535394254608 3
7473462224960829827247240218753734151044388427140893032903 9
6631705985272743575722491980439640689369083307046069033634 0
3761135669272008017206016525870166209246565318321783590348 3
1846684963362317735446303933793489237958382338014835246620 7
0768884177564682572717136191483552894403611579624682534709 9
9577854148164846673573561133803192065822135496782962945837 9
4899259090657150858589924036877724709560225206030410594547 2
2357343076199202003870342440222349094967180951194798118123 1
7662161328126574188879267178040238578005598529232561568824 6
7651635904834058800448384582302419984176242039750282144203 3
2378136469561291816090880705226927447850235794371561428549 6
1033099970139477214606174500788247541700679178188133730735 5
3878679601012421924341739873289763228098676229374534372899 8
1172593008222324624375985400183726608738326471207255449130 6
4336449951001947825445255425611985444689633861923341088611 9
0236636252006167177340726844487670870786339928851878574886 8
9069559520575608065535972362554866576806599730026961449979 1
3863949137643343951178186561697245750119555271398766633102 4
1993649615936734233367659351899510821050854558659024045243 9
5014958657097516880177298008199222597252891615283264328713 3
0191207202622505599302105520059364272067206743658081959198 3

89468624150753802751656622826042558448723696342315273704964
73601247293747058235189463777287608586271395235999069223258
70359910709275360771787312754815094035127013817079487040027
94636433688427716924012826404447538300216806055597399111532
75674304250791689664936534610664903033926454798262450752752
97035511702938954939260502611673280508063619113504150387225
53548052495030725922083212991676993938578960521919040226593
29689320152805385584883267673657568583799428685543148848459
87804319937107848408933741977908003386369665963270004800753
41073313028695828601359287661350885694130726895270622119444
65709013500028507817008173296936069944780801165089977469838
32753354462231178900414244561256592361906713778221883099012
62050387138637461107547138243333426066111911249960431197487
30035578467538558093194053656414387240871593070280022336202
40342092669248410365413924603252815139106025806900867924694
78464151377425304908113337485925659032521084378705836901803
05933853297001096960008742504481418458925985696534556980827
23712762554004837927076410170208700067585244432577526457903
61826803605262387899668756268684575871134948261702787264207
74053277917839660593024680537612528783622421631814764204764
33345658692429156194617414792930326727453319879627590510582
55643906412796059960516294105583577003536563242856713972433
09359986178485440971818172554477791409320959184050164998438
61280737887188167547887565056631963197673047058648946240459
49269766453285109198744337351215664488814513250978299799856
82830183029271812658757997491525942142606638449347618236694
36130100077834745045443839405946382531641746962167963754039
49152116008355340458730070341674476885386353724175911919125
73029628757699866983060284505512542557781304919657353708109
75388980514498281958517209632887924975966878585576268728363
85771428233523466567958926948548919544874241952228540275810
13272572588484604654951851622252721485896972726328951526610
07419195971783288365945597685705772628478559544883724075791
62883631484906477914553487265755850111942264869962439109009
59484219505011828545702189874103457183898179048636464908296
77731508367769973355150741700812202580538852451953639834531
87617781231829233845161492018946787202174802452815919012422

55865169874725902155076249749122673765945633076166021194348
40323979914407024881734343302927257109286573898942406495618
10909797654985118424771133900728809299016301869411421261170
34372249667476682598881833777489153001358002314602426047205
52757993198994096431611442985283161148698973174864230826264
93416316845278016222869452176524878906995560991510960158794
16910388459563596685293612599124572928376935749499600063745
40510293312523537194211565013315475373628090714281577318511
85927633100144847811577305157277411636321762995559710643742
78716404082983071046305419155993714815391612554781126437438
90397452120735757677775074211505082981008573752383518383575
39933202975989157824880504120705904644073227688483087435345
12264547062694097544451369757257089150573023242573567272108
51684706739011137210182805804603224791660073832691454159319
82924325433746486049633965342248172938325475111403759384377
80558100267902359338479895865486078741941416884073043417349
69042406917428958291133881573943227710156196247763551902402
17127468627824721979967626629009191769556438105385692640185
91476166954319407769348965559060313034157909445519756029662
48754548790911175326993709371263806722567514630607402334459
83148205780778552538169343648053568079452045386888722145805
20228137165269820116250616572973797480750029723392190975012
20494749417006593929672960287387671952225506308643850360228
64184376624009174719032833908399536747468613101093275450853
70103248816456357548955860367991893611297876190835673731227
48237818270185310642630961347248714360549318903770261332912
02074118570203965492336859086327290034787222376598941863189
52339757526448262322846781474167839417587877928413411223019
88055483719196620859931129697830338865167585446227913405384
47608394235553449033163300012475799652761685263194532930959
62731314672619266181983219456648004891272404216573041363833
04222664897851556264565532197114472973260582132148615280100
97276801510402989652020638606860045981614285237499912085209
34729230797735030153390597764783428907474877815173481573626
88287288473096086418866453032947600753309358538027704926007
32884329411952086482971131759375253443889588142555483851732
95283601137791532901133575981174759080829559047506576584568

60498951986993050662506017097078329876063046816009521097297
78751360186320545895578180059587571719117232350915787137515

3386037131657640783340885935945737671967408625251809781817 8
8036986011661388347129991537711238341545287404899564690282 6
0300688542763451896235735546181582222140719678668431026826 5
5738115194937131618234925304365477918872773039577291667603 5
9890682984979275326445793020562500419821581783367975832458 2
0167033440163751943613079360668770605961550745818730074058 8
5541857077712937653954611123552017737452675365027712360102 6
2637114085024937545199723881184972004852954076053757550486 3
3498517603934340365895296086073448055312295533568821456711 8
0576047588419420583496338454216537702022628873203281426271 9
2419113469807153506236406048801061017613964306550666466714 5
9774792751275013133465967646396069944057031186056087812280 6
3289678165765372750629672835762639748283846472950189179856 0
4824919850079916092323997667196476783301263846508088042831 1
1098502554661296861855650350012361068529743566446561984920 9
2110126637583119546240112661948930083828438659999992833337 9
4876598213558839333097596539435168747702542038052033733823 1
7893878282543047736859273772357478886566858736092568691056 3
7744685113155947867365164849217860389204692057392137396597 6
2934266179938759886105571384739015869538001440033773942596 3
5248692636896090870539526251096127290887376798222410747678 4
8829902625921417206513544327199164599833303338205097023670 3
7918912977711390002179646455681701380894182584629598768936 3
5924393798037012604370001954537532094758565668626186913776 9
3236555385533736640181142604011712634532053725124468808392 5
0455380642547662809345060391086151194883142464773935945361 1
3462632539790305310615515404757043183580698889116850882783 5
7540626047008133489427756419881104615033910819669743603856 0
7326708715608776658858910608960720874715826970169056266871 9
9268158483351741024109506049761333221030468320093162948196 6
6417866410892596335403862924130152476404151953276182470723 5
2789772769577454314914572040541799531857883749810850505715 7
6711105815852167055220110024031214717157984645854332489073 4
1098761099295649676156544718806244284933719422274740449837 9
8596475584133489410742608333615212077501929801512946567208 4
2115507638816459889661764643697603289243245105302982505122 4
2680703731212808393512202255408415132029479998057513768649 3

36556761678499471334926956257739078483718248283155679298197
28778686290363105606858009907222402153876614713644801965614
81124538862716542334288756197979204855730192999750041758818
62203550843526937422418347754235756053467255405615418988381
78560292676908506131365952880391735556024568797177231060321
74576049759502322562941963790630937955810449095876213591677
86582953930306576530923070439867570625760671427063852605547
59595253213047800632610710768083216210014579464097769268006
91390719372725319228526274289573895041376854774592960335922
72625266668352170703189496282724565284582414254606303728040
77747979885412946353979992464746913355243372318304535384890
80808931525181357684852728589173285917464503656120068829470
50320471690415376867800192930506366957785508855054236989012
22980877912670610523562973580602220182943158073555219093758
65774736264736992888812797829333934998697735232413759931554
63631192982070653727478607258997312069306272104015723943842
60875603932638706392902219030858909877722019855938537268814
79322882922369825904643093397881652299859711143887919168112
55637498313161109319061156325528926120586515985149397612705
56240876767140605906275936789728632046558940753192715912951
17018443755758535236978206034603081114085616222042904289052
87093487193875366819942119678716034475116563217044041605351
34139017313668946388738555313863682433699759859706164570626
70413045912643728498914835689045560909348101158092318073018
45998408799090461574931098614313315919784060635683188419505
70759621032685084075395110460713677431506318655681175045684
29109859360948634686959367227758077306072883798814246810034
26858744195332034222592225911315687185512988438399771818481
77575276528687274786799756095598144332697980232246925174800
84804373540267386844464825094568371986966198330889858783525
79323281004784980000165924072903146602815056472411034520315
76527657717145051080460305129759639033690487822708390133104
00538514937353749729516134897226397902119889634448662018819
02957692950434647230578452652005806799064539004955427487396
03331115133434232393928153928575524189254275336899367076736
03270769534071539778317693299858002902473809122227024700301
49732148309934933241880821118256958623294651857563689754163

57468959866026651728710637317821154407328308409582293717686
28036856451591525703290275690368571298831278118747345960741
73100978847315628386494861931043501661812266303769593726764
58853838094304945302303026801421097550250389072148424600933
98754399153838421377545972464098687379266027941662047086632
84387662736608782721500359892776517074454770653839619602834
31028523840913387237856397953682578837058304894726634813482
13171908883396336724123153639729520379956140542026523557331
82260536030151610767270161366775347202108995240601901907310
71671157213153131399108734604994855887930555732907486675692
49917791477776275257215331530591915437576402085562431149445
37254595680970256475764244423090474070144938720093148556612
67386418994254949313631047596189330349094993072843240900986
60429647764160636212894769517265674169221041267919762026291
75585305961605883598150943813988815546473953900221085978718
59240596478027678892392428047732324168011508809942907513006
72861497273785041600155380972786910116538163760299560019987
56771052874341796486349487590228434508102484523242850619456
46492828833802467453143600766539393253169069347153411102590
91559509809996077710819240434008174019090499522416945936708
41551263350446837423540829126465380354941695384687191594786
44821690719718827904537417589786565396354364174964211383323
91272660853829567746264220437486137508696560381441154467817
46318241578012548976258024056722181651902552564665510417840
31399315527349701282746407837967734310395750011676435012323
92187217369395615725612096294658612581792259971229360156048
32529324660590007467538289113588769660502304327546441577272
04135535343106923020990409588280284249254566092255047367866
33535977670114754779378951221639503917488370060692083214313
10565114032165914971605450331526087562443039751201627044475
66549744508291084491427532865125788432014337191619507424345
85426712768110260079969773273109108740407138883985930205685
47705681283700324106099488089120372337515691677129447677010
57362851752692267386733249041105761883634334373993174057361
93536907770580699187001103875506825865123396341929847330966
78757320329048370056903353621683728691586822484931645864130
99556128076135431583947979650364579844225293998032521346097

28622695362672470762899717796327633461411207041541483053044
01967545816235986063466572733057403342467568253998855700384
20395650977199541002683762829751197071569287780588231902617
10147580089737378346499210043057076158595322507336108729570
27150743122979203137211031512057869458182420174183205651511
75338128457998173296130009722859113082820909053314760119678
18503836753034704700057874836099759090912963034418276550511
98429426117421250174531088376152772103209162330883357102085
77216259509925298643641820689439656908564775124318290301835
33951091146751371853424630585177074434321613169130454456207
29557791498890485478502949425186992301564204823672996782085
43277081713993729713647285516236910280943949049809571114798
73532633610861544909213621071957862718265898464545958700906
92492488205234351128687386269125293356955656244015333447567
16240947811826571155954756699368423562499979227723332856784
78624526949813038295767158836825390348461671496801413859919
40555979179178582819757848123724780229627342713273807017121
31593454022544168614641620641854955622017580271717419329604
03072428557591403748752412558364868478265305790211293015046
00930097911328939110209284222126288743972398792999872217126
80244269570436408269175123947288580976631735219034774020783
01082500823068674816599291621420437855969070083963431749157
04007049111330970230468766158574831350801444759928520207278
60406246909862458183710566318254920666633928689416422316813
97853741745589835502398141347627568661622118636756113454018
50612301450506414647662002547937273701691150910570058805838
55287751553568346135550888143137449856363777369433473077922
36920232819512601988334853193084139129692103451156646155817
18451609186530489711953801102485257498931586472339992674537
25219148787799788807562673750638723780564697643526861306774
76116156403088981072299006136202913855386468368424583544342
07249065269431319263630645579191032817462246523050868114539
22379034699935761819228384117831112734266093171716054723027
48587000104786605983536876204234909356314679354437007086760
44416080934303889641691229384629350216611002107616405466145
32826133025098992955391927596299462782632632116565874319551
73359427872479954828722781079314977711035342554381663505021

82004755984571947076429678271587726848362361118065924451595
28291523018180897167227176349652283750680731317414453350933

3309091728323941836921932491518687235477393921275611794664 0
1851180013807501027772171306420425326555361143239078820350 9
4537707508434889230102069364851728497612938332579316328040 2
4023662247707358488505586196021481895075688961464986471085 8
4644537329496552333726418838326212711782724069322657157078 6
4175572896145338291644891865204955272952633002810498231098 5
7339430816022566981711150564218030749436110781361389682204 8
7736518566702091978710942722765034706338508550084211709404 0
5082569924575628282627813751332708052945523221608454057654 3
7854007179908127688366953749752286406714615345649011269387 4
2671140362151382047758754942856572278533665848729086917495 1
0102375874976607230169518573650905794918186915420495148189 5
0633136723233600179192443975940164167719835945106934272172 9
3483713315270825228587814764495406616826606632817385906468 1
7084809801956309540191002303038377210748322781390116820825 8
2389277936139561206216213391578640790409627777430623945887 1
1681359324124433710944830874229948965727049696689190976787 2
9567856837491826622807594707308763909429179184646728989350 3
8166571603238341300482214907355731011475604391076423070499 7
1417179272249889362511853771844565361124353668033415834710 9
9997812750459310729492016400404387368910848900002206589689 4
9509883554543303448063469068362642692622526048050382229656 6
5856445463817257872024223930603167450160539775516554246030 7
4325691453841406677000933481726253378578369549688018197142 0
7583047902504544932943440806547069667092081966871809574518 2
2379033311686660106588546461622251368075580728178399049938 2
0325403522221479127873573379240505817047934361116046575203 5
0964992030094306338515155701039654361560042502091754083680 2
5107569627240540070613073914839978215497526962006777174612 5
3751774740807704214694980724656692103138036559013914463193 3
7852495607651289588470395683600524056037732266484889767598 6
4722223687045726002513146533027894907366831754285279304364 1
6844913090148229779444145397767000504764545394419974425340 0
9022064970795065778667625625790416787951719322821604842790 4
2228145745555258501105051118532051282481704493408500651111 0
5859679661134805431579901002711637041462558845146953150161 3
7653098634679351398306442172125391421048484018069955555893 3

8646984470972207292044160017446457448578988521913325497133
2548209802199209468670551308850411232159894030606077640708 8
6215302252839630610614984492974704512812064392509526839331 6
3016535406892928056518715726578741194021747809172799541874 1
1811373735348232049240285444372854241447866735317203972840 9
9921075338521376852189920275476375155088032382034514104490 3
3687861055113974555644534413352805893314950724154536504253 6
8635876511464557763852861842225003735443386084194572025780 8
3624670516135441219360521249265478557979011265815919933225 5
4214733610252203564003582790857550730527883543159467417937 4
2649740740947948944779573166096230217323972884026016215508 9
9074510246296718368591603789059816357439266727829502991817 9
5702806863651012454451544131814296541845245197887305202002 8
8020433895520952126242506820736251646482968883150509597010 0
0226437213534878582602533578984284992642598493826986555915 7
4552277223044783670045129262032590728447007071826463942993 9
7105796504924027215130909020163225789293646620690791141890 9
1709554858581709996939845824188862304346386468537094692019 0
8664425001423704907060547944016363622448420494614145407334 0
7720561367537799471743464186961441635564294715919709591245 7
2988939233815001041229439585288124290316381893911829364047 5
6748013200548377764224130832273379016805513456118786526378 7
3908460298324844967776765267144609098427240922194420872905 0
7772474227128491998627528840954536122442608122367302636241 6
6646367695658234050934786501143545223017211043182967461181 2
7124772674755841834739182964689242439083589830410778612221 6
4667413927458084410934467091407688908115480426990464476617 9
0370691318643164487293481162475314270947951218371189543080 1
6061368674233086520685683926148047844566474945748323298371 1
2783484945756818482357381296729860250944563100213870768049 0
4301108841043560659563291355136365953790577450863465841837 9
3785502138550730660620323618920265343796554240913886678051 7
6486602355686801024443819982174081868308063265793445013660 6
9588311635276590196371091221683021799431781781159756256933 4
8118175901637045395488002543869195029394842963338788023245 4
0268683115920771472660964081472974256413523770713265586567 2
9260935213135632697386334513923237949127274160440716533283 7

276663606992078289885158189007406817883560033839550249105442
191369494384025928975768041647987388754419071010073882502600
250529371571205988217997519052515481351289265070350312953887
973951968071463129797393988552240677107478132966112514244409
425462058656056386484117697376509322232005813738988859893022
336308095219342652281506753067731168349920030749784495333173
923562877249889011049829135380994323467387064792939183829847
365091741599344224180136090702185376839482371972551488138816
352825082378087561773037185933102376901551814895668026451066
955667635627033163755042821846935526079312867717163008152297
052501399440411109952375878216898707228324155404378594936488
165971060194170111775308197796006102061075809541843822637717
441589308934402454807763589859838646004481913063291821212522
007280634089056273136156282514259729116909696211674082471631
451891747360069596699142308087833837868659015986702232142869
157014142480704589721910542004790420726183894565916757662433
748165233431013197777875062648144789623796854491833393254452
263282389839955214350864723998824618234678333412034969634652
310297098007031272981130029874875884515562844310131560990894
615878405840038361454306275028384345168367939943115519406723
368803326183813019065159316862019183963643881182869704116494
587694221136576981495173186043944768192239400670145512792825
405653032464235241908378911520916520753450114775133761761316
030346350015830432411983034504597311154802352914726755652853
961549825173221870281189147558219251097518814749962701832012
386646655447096270322119673520668256883487375964507251207969
145168739639987295089292861505745093918352489864171151563371
077207043719429897852585410651220208721985115201196820066851
549509077569921619316805761225508410799564473572362115138442
605911878523611115766746246167605894908847321882511881891653
729413018475636508362290409687727075906307595173734465381235
816720569986154493374413551158082859997972507000542569584482
904215703296329695418372061125327781850782435323918726737975
390106042189821333568001491762927635897397491510336102944854
875541265945883082627308729741581359987850589708156429324159
565205722438860158420781047504262811290442552635054829661343
198347557885193222267

18693036456672710264959940051166308663731727404454569497374

15885144267302962084048226136949742620817609999350033446197688418790304159595153926411196546477482084960353618894576122048571862646143232749719188085841721650249255612284867044407945280918253914446987618136633194396064637822450816138177872928278397648591104634556227172221781769229741153867862146057242015889821754945547494863631767227436470898021546200732501302370572121626662522005303961351678831013008568016798771386008087441449608596103041041197485369831113671070824797474197170808243016916661770771312763331363815453158913375254168398408478643177506675039488466367772146792112185361223631672188803806610698593702379096318692240259119146345846149741712192550199254747960048460063345981864608011593744703731663195351890879205648107281187772402039744024602129739110134992696648989782233646553651294973293415434068946943373818266377860503474934332702908375618011054934690179339428739905663796976347810695528961987646189850722086345874757753558684468723357249179047654807751039237363961854667533349597089174705010313969438090236340457990307072485296328514308887866880742498163585636339314194762523066152520565896307037142091574467866737683351558224442263717555290549395328823666896153326331493583928128224584932540555941071950713799703563742340097316130986462139379530870947165361256508033157850445730000941413946001474525441403816920993360411596583800506303682545663080628250094880200341800214558417554634801876535677644115164771043843669008537061169050325303146835437133581809292400768050958188888031319229966049866511923553334427159951307690820852662967740310259473022591776820132591077731585784477312075886450933987756187266253938362357576251588056203092312138665780721626116181270037560534462263494983862525666524229234436513969720823782599576261080998493754227356751224109232447930724282802917623537533863708763873518155274821112448002459124640511151114996644626198433900579254635394962288892436232521864025248104905959554083650286893574890542000912533867434313407342265195998144887626448318552732774941228785613062258218781200116285735213380860436525201235079083015059632454682818922475989132871694359851422675732581509249821248990518465907278237639649232119042056438491725564

3187344162296200604471901611612786080691597050723383179902400106211647477584390237574678913169570118226462177028945711
9136412685871868635824932717465627067280751367431597507565774758376406338044944820668352178332133327896776383657446746
2017288395723672110981540162132700681687402313661948332501044648564646036412531741333237960756729373305212297457933352566168558920043759625134203063834294306097158474095380197411549530010282165055959259459194853348227327155444873521365
3447294239495596453047880531794558629341890107779349027602218084991851412571653165137450875031401466774251976476204616
6931133260453878964516572908438615194431140161514230702247163939901004379068641034162367907418506463768256603895503347
7348967311334313629428543148876031247313354196709800084526427401420976313695876225859100931112997379360013553352920748
2985367204276126984764006676698661053455207287218738180679105816290748701076736965216687344878743827719973271864925542
4806684238330274106960918550071153548924174440794337042318254560683867024205233933058031730647788593322929965546621687
0571281806631581075969880379541902867105158968218399861722645652372721592127269985616688430859683960287171538526694147
9317328935458449531502185930086689117971366494924105395301740136078588915471340850039768036453811115720861295639470964
5574270823873126874988730970590053373183461689693417093000008616802780058956741522844366300229652650701385626568435888
6297585892712289731225045019397539880195992958594667444885279234641037247334135338390259480773955176406741476465801453
3037551258783915206002730545980582800834158675087820218298029124179773152353857706406771166845213368665010906443991846
6472914384152284355957780524178692213439026209703590303502527032839798676548711129716415065768915393509094042163002921
2623423471285210839542166491175188768489016016350794990872514594428409076951969961803771282792923306313946321509657936
6488528671853658985428232404638733828178481530209203088315697267343925583364321632066089888458071136277639996649570648
1333243008044307069228179629683286131639498341581788714262196654990514044999490513227583290203973389028542575136640742
83771983895137584603568593319676365422978795979675682839983

10181525423666598572785888868064851894597071620346737035168

3241997436195814232767405600444674915694945578714935547922 2
5417642982230757366515960393956787295208307621299572905646 3
3327979056087360196683806841521600534098228717682054303049 4
8296407143779589677891785265134420901479656996958603321761 0
2839832232524209091874975695282502362444942356873501034701 8
7419905300293809698609087614945672871126806871959924240064 6
5327711570046123469550672596301566722909054455688966949036 3
8197937468465866534067955971944629775631645824343862403793 4
8980473005757098395158216139214440418894226816655348954143 2
8206155392681993338132341431398790872065564411761005197910 3
0792115944641248229869540395866978962963602248076632631118 5
6093817090755322596581714925458095004864281930723758653310 9
3474102684608835101765523297927925886429690577225713908291 1
9090719641708538459454433599189629618258137957661952533777 0
9395930937558695979150585469590600816003435570792205728418 4
8585599616477156190633768504329365545474742979308228403401 0
4214779400494818065457292244834261048015204893325978936823 5
7594775848939079653986132009777388783890023066496506731865 2
6505682839582196258033807020970898871414621585654426237525 4
3139384253212757340745331911629551711879136992703539172350 8
1499866237794428418843345714929271033322663099327159181177 7
9842737897501478943326849720515430723756063998772961668725 3
2347099071746405402407398765307649992827255557333971022446 8
5228197440635674154423398952240404254833976955371473159903 9
1151995816094959851210374536599442439645586621895120731402 0
1773556781853195745001591386191064089978693283136483900961 3
7571062723478005228242118426427552831612858697601566046431 8
3353361039723374601999153889315730285882691609204948845413 0
0922625883777140487965516015543593745110789847180884700960 6
0778907622069368407378496336096342509584708257256336812670 0
6429102982227999157619394123050106656193243852913122708830 7
1567471968202186272019484744691477509958737748660296312621 1
2393626268432315339171935691378989196606671277097343228082 5
1984750619540620344933307037842679837994177188238477857304 9
2398625585661163352861527957134353145248103916383517055077 8
7722297623979208407088711586623991923319336495574109949375 4
1006679688014265020731066633219037296882469804080705418631 7

8851938047827141225654179999425208472883282034768584897255<br>2

01243989950767377911479714212766615553657000299806435223585
59463340291519655744773725774525517368467724114822876372680
01963584486242603798649865758213080512548677536718044961870
01591044738793424304187854617870457854366494428438503041164
81926667184975252670736583993025400618865946300442593498642
18873674667791401028992193519034198473257602258531948483933
82061146480703648997867086531405317348151432465185340056408
53019289907636016009140767076874864987866144724164384262549
22859816791081292052188229151944743470410361926198224968865
01832878812286552614944872433559864067055348866764216076996
01535508232824182707156181963143431092962804052569380172100
64387456093585636653375409615209936844109006423455594967899
25865271737498298037176386441554083399332473281309549009091
16944267647099606051366703401744118303662250489910202822410
44980053063939224651764328196320044478643107106451818292490
15547074663013665850277505079676669447092311169507428457926
91986465479689769857442471202502619936276904918689385379697
74824130205607630433892247367574753831471341754678297496244
77066540938198182940533952786677289838848282991142392773632
45716014373375263048026324942165455657671976751934720546499
44251600989150852653750800251075605432655377272342230719696
79452722466159738660217416890391227225471338259155322845251
52266946972817303175525367108519113588765425443579041298241
03543174423276434327137065420996321570636406096871384524624
56633526913012207892078038541203760206341195539453469466949
30916207958199116593075741982692987786665036590825853102107
17015018441367529138484739081922356470866562195031986519855
56903747671094714087613531548718159302781883820781394000869
99967045174005890292947204951246680739095172243055169301048
03827814754464193770269424932724336812520246015715348610440
60759056332037417883714753521439572777882746386184160872134
32549823690048373821826384009251021559976282492414832391100
24692789253625384807769987524168277515798144534559218091235
20162309235618726203561806371374370501246256812488635116226
94756689681361908739138611682781042246641848813774916377582
35307175109336365159207832028507487817732945679572288027029
25330393035629609655090811123459904500640983146260011339766

00372981338813161449862460738400410387389523346770156047656

84123513783915987868576580174717357584005545002169915662489

596073112347087019012293963842199250887685371119985433129372

429484757883611517408335843753310906659427013258032954398 1

5269206810548042155210247965114545433197115305740995493783 8

0714712755602825523846104942873199498380141927494375100694
7906095976275704074256052792040373513225643720532009690271
26178788419582439234331652524668209425466272979348242095027
32777029535981564982473381806163938715477491975350493217917
43206684340920620175808477830518875496124423952011896490704
76601860635733321398793734673914908088123513455137740715586
82223545588457544686343337754031387130262607146224011717060
24010652254911986468430964157219449244602828173252536670353
72300424249866064805311275019543565232256873826351560617978
17749036314750495732032582722820879015800370394722078471144
08535302162674050665051256166950057399083273250689952126975
26160602725247283665244676995469356947594725756685581189425
85377725768098397685880649644185753871729087162366584295460
00645728360531387581386362944104313462995374182776271853061
59193426121771320103100211452565766902870974555331090738581
11289551403927166875224799849874991785025892689021482459578
25905186445482530867096054152463916486748199695691963759719
63039809610580335461327894359818435086974525920005485900303
72961683071957622685435364173118174509579933164776907746402
74025905255388091862936860458673952113310468554748440381710
72506636910145573147382825053570575661393917552606951868964
92503446866474914652615608550503791394202981994222199473543
82317832230368471373302474855942982638040651298489197127731
26979399424468368139797193089451531301022820717602411322963
91228061815709537618452022878633617842610353107341759203978
29165437023953430922591085010805655918772527775548002700192
94614144153767227568255332141737201407471347884434363167591
61438722559433049497719612338422266160489643962420532677970
41430802411640119680891010920634290380279255156967953244161
92834866410838286054415369964365931969137777870059360304820
22913026514592296134558029718272438419687672437084492636755
07056334050268371994493547326526563206627438083699582633516
76070823549529856158343311952439229700398791067526831494422
48758705971197501357168808077088016385784327781815130277868
31168589194611430108958921839289713359413928885648854509163
72593983597420767157074607149752460598639896695746231577768
60487972014803576795648458982197028876161231947013209559242
14

48835550576272323443484264260117532230618223035658508047011
01189919325257172054996292664129773504285043702622897235852
81626756378963020389847435594806121738739066853543845303929
31298819388330411834237783614780597575058406622541336293357
80931947819663929742350390848059320069789917678833968691319
74825886474708627997131325613717273081653340613946256855059
07275458645068646565277682555342972140883383727882010289029
32403132421020026106356642443696612083041768693220104899345
15597321174663009086712008355724205292251062850302940669270
58050440068181922735142563465843548110959320734012749694900
02544720797360379164669703195033832848355167676058310365452
70857655498002823947822313718870396521642078414038632005016
87559289244248916432107962003137110746260693591895581823998
83659153109700423581742946007359612474329057210929097629241
04106566209235037924431392689030306220340787058475213684434
98140066439968281777288328306808296747485107268422856395031
19239679399702278280832904039187942701256403173198670548090
38172901093826770327618187333823329928735425179121467416968
44438416099579217349254754115169550363292946067218798381779
84886836278290997984302172041753625222996727432571630803326
26794270088346679931237227789280490726906343593863344827373
49468718088069450888240689972616587134375187407124435358999
35749505763910550260234884831930109776287518455556142797284
28487603938721304909025418488426977514011626937613955045856
89904730039876222569569528522702700707002236312782756472091
89072366145338315064508660157166725030442531345730761424825
29934735508200948111074026427032879613545589972387692438810
97597044445727972255955821483185792211683819202237666014705
35503329905663899611395020035590039531431485319997339561100
64596295558214961621580455163249615249846254913386661556613
05747107306606494761259251347398672404294705271394587005711
44617743592489199997798539858915545801175707545841985707464
44171573528708831815566490671161372052484212406756883333463
26309394674405915392812434686527415076367108332946799307960
12132262362971922889061129439568658906746885822588883989165
01883553307523319815790355358685515578206546821833215907429
10347469567566339248541522364537150038862178902634313785302

66227448817999987385332341525005050759944529160103849242964
73792314485199676400312042619311018390010745597693245743996
51968221115701722500007801852007690927995274819572235224900
92455102100832943506047090382176234012352784838737727314319
81235331216735074162478419546325344615208289122378046922908
50938628075267737336489167527510886718690748573151179871911
27589737172122200697902686270153977033376235391685730235327
78080515008525981753295550807877886672815650966691615839112
72169869938875911268864848545345289838450017200753178809612
73477440300452416750323930383670617071013055043805871730675
66833533745378303685599937759086951306218465528579235933917
41917120541796998725613245326657739756970932170562193800461
48285749989375231643513474707365882098106057788654165147324
89817870094630138507925592226072971522620388194374843914310
59409599258433446565768173968932611045987010037275435251163
77441612272999941018619566051421596941206355131448597195452
86080974868254874524459036260473138064839379734468186624970
07215547106019350023864838934375622763501279258494173264366
23720232785535941949304500111524937011476346341575426409557
47394306944563542362081212241176373576970867776359301935638
36444028893630507833322803667474394324865707989508525087274
18326835271995157792652719876374997907620843894634721262036
07830817381428047878554978289786227472441770030163255013397
05372417682815323516176906921997025569996205464243726535775
47251024031299435538645948314701949401560266849430318378369
36554661866566254708258607489483972825155891603855349506451
38474422118827562986206331356921343505354175325462294273857
01851422160479791812391358185702336381354453571127711719432
16604661431015474198215549290475621090189572080606234908802
90406785456674637241772486811900742065578482219295010659668
35352086790875855344900927132510735378131123286004105291883
55048282568212439318097857966641441641974384650359754316704
18385214590779433577314964845742148608548867452913145745893
15184834205058542721160275207010530288121820442571850407971
77351938264441514303400003896508354760695211261435151449409
69915151783325851724798947405242061004598407363843511382982
93353702855164153281846898780435921758197601110371882601157

15212198992803575460838874094737522040639123362898280661873
19532355292040142200095154808807061007453865639725897080303
27985512405709675299487752503483811914844763960690239980085
88751011612900600807691194381030260949480659847619690480503
21785213998286590163613972947333424529757842997590232889212
28876174536434315837531437849574608874737342587958758219901
93538981422942391794151561315397930251464137986089598876754
13694323040487028555419780922958044698990192904558906846597
83833799449251271604941337790706486578589496757599405061755
76329347568082892202911154918648820159214617765449921182725
49886765689622517063614832195140603084486884294749081714122
76698952976652846718701072919337792928244353243138285206357
06158076925928260322211940276877904292408365323232151023540
75342321094760532101716780478896041685107197396939918618794
63461896797135467867224402905164443964782932669463584918661
50401165503213795823884640354533706750014682450893963508407
96338833931644002155762948765545149622984945735704556398458
28653901031203119955863297898599642742416545640221552693117
61821934040528049770013958185699504506269083218442209858065
60360396650520405092652944916311224741224398545523345939736
02158488959564576035601123947226002909110232358183270776031
81928957893191200422829722719276801057856446673340203186065
79759989767363004515534412122274649211784192104299302330475
45934081486957338855853118789257243599624701958104940834271
30065971636437516574637102498705362916929006099797979820814
71471311289950851849200398640461465302509949141434035836955
68842161518200066725398585320356707875344741018213449970395
91787397534962114723677715107506443419320670978481013906119
46814299656594694998030150150504394991658193643406175471200
60232533051005685661995398852109699179681030651566276114001
23939441274050406560022170985477796442468587486319694618955
10351333916411959039718938761054426423024644127859663201484
79552732274340928634620098405982453385763861519336443209833
91819574962950525271704159411032941605520070797004452742655
03291068016829182150548865729790830657332005667110403931664
28946073974276132720699137735888776468407672601645037969090
67376249123181569461325842146511243018088628385018727320829

30493205348834908022579996208931538204345874620625236296812
24077557166761470833253074351802801564661524123357726665459
68950153512096407409879933525112423683932555080407795389065
13598486931485726874899490140853001062540369844024339857382
12677629454919277281927072710075950541945450379091805163615
80836288870015386724394500702749898432185567647403247143923
66484341116062093101960182503178068353985725839133571334493
03614491708665979723338814530921740318117477520325816743389
45826496752752520361126273672109764543134023806587201125134
51461172380163835947268752281763835665589618861321672998939
40149412510356465833636887760906588376967418291919203119456
46978094249838609041603309637645292794234193002301740054343
22585462509474354551709683543697560356501992385147371849267
05972332775797911738152474353163342411729845894129107504555
04288587776273734066330416039180826874172606596159893360778
63307019922231846664888930452715240551174612022301603661921
93936615793786736961581625973005821281128255764679594940281
46674576045577470673902200197698318259700293819541492759081
13373323605885877787161006725835962326049600160589914889342
20473616132710075452300484394310989991637221886232625722472
30711979182304944435140335744766397083610698607144570069276
39663973492029218346297644381860189376688053451277703848156
90854061403280361502803860949033534893230357925117393530415
84113326547129056739888443593082228303303222116592985419196
55979718488542388715808914036930161717257001557061483690681
27422955027934635226450068693430774820746663687476147620022
75018155179697826673741459504387058872387338963291213957303
99466305434028913277468168754669502161412465503700912659179
83029038873484176139723433945569356600838016094355613785537
46892071454423377646719631384646526315701017132358397487466
54423630277928541904501566645788185997947897125148114050237
76902617289793013080656571631212120791429070542150888983795
45365916435512334174598794809276941751149031174605522455785
45813558670215309007703195565589959974680574161333836164169
11400992334155643868362258664428079403362670105226669361924
67472371364090542898520518835100369268187997465647052545068
26839362640699442231179129973336410667817359159716289832741

77288723020526098042487577710069881962403729127162845583584
78403404924364878183372432037161878814931836632132424242420
14718798660129082954490209873995954287213906677698275630891
67942174016882358765397504203024489864188963690963162701205
57681969929154992775142543788129467665083250351267168466448
44454724041012452806421783273222776043691610288078358871843
71005180840179580141083528163516360380534630763891947615018
69867367060501475565451912556348547440616202739383503562785
61529588946817016999401433231109528721244827047206054602585
00667040757911141368279069786865871177920435611489299687198
88032590349546258685078645156073721715399533910705457420844
70048998112828994216021222092624494727454056103582092642512
67803981905452659443737519428132171370336125910575516989928
47294695342429807232562902588836268426784470298363132949660
54416253861474882834798167322881097848769413234367188334829
75132775552098111835661299848568702173449715945581420516760
13631681044749870916364943156667001634124731526314664694470
22286028071181399281588875163721426683212141509231720573189
11173288259805252015609004155477759524040891350094036519708
48700749678332743233588694631268790098502313172066141132108
60760486195706356624523048720492970167945781458200903619280
67821394589374337776931269876868117124816408491052538842393
33690894635409235802310817255763499799694364597544489485664
77328044988676235789173021502698796454984277123360252396013
67889026391276316733486900994658881028631022374955359950171
61877940595427203256807509917230406040592447593475587819231
15070860386436400166976935884441077368702845770379409283494
14028221295864075270639353993044472385084396885275777983552
08317581070948268654551492346771164511885672238076006299878
18448782700527203129388479982097194320227571363520398880075
60979354968507222173819096427575684664407843849762359541643
78986071667348604995364292157690926961517095282542108602668
88128762132282887012394111213560849984856022616743503488305
21151995222130947223118824547392608085441215344210434543110
42835336107232244610950475490308238497623378772397985764670
71485072701155033507917688942855325655578568914111053937681
23007641727332335555556958197951616787651611271588023817370

58125843376445496393209033630888423831346474132541575834085
32870162147846752736603532981421989990010399651663985781627
08358962481375811285205027468314346218654210028735798453064
19721733111903252007346192981287229517898245111770328323475
98640395627061908545507358079165897100777640229035197705516
51463156954288414243755797570968942232887312501544659132356
82234856323088186214869175254442042503115517112520932667209
35244538532857593078572051963112677159656335359564606638121
56991761342710503579689346925609775922911355755004495468093
95941988076919375288865024897112468591619511911805736623365
07492183673283957490669396689948638812546588558883830330864
27922354597161408639132801696867060967477934970251369670949
21185182680683710393297681827934909048809926852979497855733
37154568122911908288999964961736727582967722542718264223286
64001327243273092429509230566221346977560274971311377496402
16045186933589599433451701314743167166992535535262519182296
06855110255210661769391305899304704401305553947858663168437
69182864723435324859388779733700023743444052230578338504233
69748670050160028663716354807214257274236347165982592000599
52735028634294139066792669723798730437353937957758746704387
09507356712455449660309789611819455417024559219300964059380
55229427692173509881950338542439019622355656650959811895084
95583475832679441371943347770644174306876072873238603190937
64674529189218392734056524491250586956517611562069812500393
15388458184406490819305513822068081023933630856535953832850
81518528602490738088819397197419266456341614484265115413169
56283525195911244283826288101030847554548973690254035882364
83142440595060433363721723113697973766253778983291481467685
47541189710236465877932945245536608462987170976671452153935
93629565084168679388747451776846470197056012062911196593927
16942878200104738422691208420374736338838627479266343817074
60086181651770124738002689102832486145467289464377033943420
46484241967025618791648972518386746222304165160001856431299
65411759820850056332395241632046675535001335372968491746764
63194134992237442472246330220218595474064637882118823459394
08996899586677663701142952853127079355663237832561966782136
65709220602831025653913540119066214292393816411208069617216

04380993879930032791351939616054590672596572424438866730988
39494804050019958699540877610669138906842799356469502459908
78656104815262619488029162203772854404310761915233096761345
65789866492760231034670807839099262754764500023111508815152
50166756373957401905770341261342041635904480839076537485827
77525966628543162988331420747782612095040776043338836635802
43089244840348835410287061473396328346465783579669745925874
01134634576232160810423976222516895973476817428512737721348
88431264298689167069631623873420014694898521423020835510710
71050255718846277856440376053415487371340570353047160477106
77529320079908300857963350589136486977471509376122562844835
14279338752636745707222002567691274834223794366061319862676
09440621051523719848597473792974061772433307773538025430221
89439576676950956672798124850084862642588484579677193561466
46462601496495146347149006188672601302167481074660541119266
89184063788353110563044170808357801999223295643474303295979
13588943793800972704425821506927979988831446725329768967209
24331096787787043725470404969378268535332779967817629151867
12775413657266836934910872925660656228159152633504466949756
79229497645839604031247826096808076324572917963135706380553
01817950615589346192005525020421276892047265235195908441637
05976227580527335399057273772924589843113466208946935684628
07708795934236143426183573972841216652601954384817745024429
68737870447818458084566985918167574593630071250992994559021
57979712679792868141836179452938114743834591130494949062545
77757396574482504189366105015672239114063379044269327671783
57282347840242922904037674700397134683438554640642707102611
75300913084761273575638893444957801436719780138982653424377
60672048730565920693328169737707720506732140005736755344980
89554053868887867159112407602402876493610914648563243513922
82896169205384742208960466080590382309965918933425890790062
23704080066997920297981944092771735027012733684682086738310
27079479355302208227752154460927356207151719553874896681908
46802860662680526626173073955928932432766560820558926492281
14572078932587782368082793050500307417743535142587643209181
85432669406906760079190821342039636895309452563340221307302
09864586297689655472486526242846110473665750904177173205232

3741407565848993239270868216794264326875694735191217476911
1577540799971999266828885079390393406103104213296468250407
0647705217690955724326859664717698638291411537797697600025
8
1927239446920104966004285085470014809180810817266504567967
1

26644475280406727464085723801550389418912595893739926501687
75274376974153374817242203770712866449077116260315441711941
41083486068995295074447722033627442668184711965636157137724
24615456070479650878312900133434911136292975583609000175949
45379686150681790850760756621273810011791829307611862991163
55745026020212756543609511385690948154244767226073400610373
34261273608044855312147578890237559057711317455009411859748
65296270588563917389715951598898701417586964865418532486377
94337805069893455538805052331249498418875730464447331444598
50552473986539970734623381939800857730435695476169828265893
81003060241121866568598020725337165613533509921885956010788
15219559929848307371141617648399503300378988247903454105325
02054955693588016154598918936886572124748963613671862818854
64478617924358171011255185131787177450430735364502976150729
23011083308025515349518692948497169009917303947697333789565
02295614877878048366582834827540230192303690385819788534303
82855827300672156130424767965099736738986396308459533099446
73660052789535100775106235405180950620729591214778792662633
85428792589775958630580646504484526239133538342627050430867
00946703622040633976725299136518784230658396670226258056212
22107335411618502936356416166557792377663958604946932445508
05903617986442755741294983021046969861644931370103702775084
86015396166586451285354530481559829638298598154556259248659
18632881763011014997372069201538698774186216557820878850289
70856782970192695827695239408257958934666666883918358815549
06943683070353276320793494510936539945097204283673067035144
19631552887532148221893259671737078127140513347473860809636
94563512019018439160557338408051663829148862479351379403713
19796687585625948294207463241614819626828884980096887564131
77902657691055508025432280312585899845828720832573588947631
34926062496271832200731813542439536437705648192953995700144
55438391087844914419368047106516347403117037448245850518578
81806866288441707935660426980031632363491203029197537009960
10666193896217318762267071826314852284417279433406818103101
83841753499734969790135260460838986493841708529346927915834
55942477874147581862606722466248117722498568622989744043843
92184024560360919123698959782488064463195555559308328167346

0231204066700724877475998063268452732025570156216876628405 8
3268894930505193900504950495870154003485427760246248588466 6
6734238597445456716114198430383570639742666670385556096452 3
9035702010736523283527692067722136663585746080761599482575 8
9026155644286649673725692080468511746267024678766860322879 6
5119785761644265002553662207997203999865614691551199659189 2
6099875691957219827550950647597861562647423557864501138970 4
1993509976406676557120850295842115591494729075235534992741 0
0851294919385596259403263820252498822492144447558827002900 3
6795187052357627644235584183330712046012462993991548419581 3
5512551467709344714433092476373215011861279838185602557163 1
4174426442103923184124861561304709814802473388125696051967 7
2694383214901046524099815011833941450600842229131941609950 0
9964496196330766171680279966145964908485717408237805713129 4
3966103687727269790434903189674932321665723319037215414610 3
6471884246356801971257097712420455992771894016308075557915 3
1803886385226329349122868944587124407187398513109807299600 0
0540296913908632667141792364975629719250212883990970848468 0
4390717631982983862589760312738181027549342610128244583510 3
9724617260027124726441028393060367775439840384623746557117 7
6604274794044711025322752607088191525962388103594491210025 9
2156755099903598490287366394653336222785601987852448078120 0
0092267255630431187021878325473868804409188331048255150339 5
0623703534591157569487158440812225354661461213368329141771 3
8712079113256329969610586306388145503829307065076425004095 9
7837720091354284328731106694070419993253056831695331854406 2
1809608346131977993381716591706548795521144399346369103913 2
5853497773805380142494093450362761658136895003095126105708 4
1234456296013280703948714675890101664115170393932146989030 2
6672660584673505964752748056178078679539355103268491298676 6
5654263127329885291927008247087740022137431156586969076065 8
9908547798087756486559413089027045689772974195596550109221 9
3569323849781622587517646552420925574092571769546886051901 0
0031608012897289870528610854229739093968150775009659717371 4
6008611522092622608527082988364373624387798127745117082236 8
0806107707741366334795574353354725066344097928989918408218 1
5020062629005813678154528485775952733595359748408724500538 8

27410399987019521262331698628280343884972691416958629503620
27229748868984900397414716167457511413346027344974235505878
07218665525873506412530832457388035608515766265910084790720
47704536889750719974356650630663167587611347516441890509949
53044117199851499167397662294269445166214080877491355367345
30651829997758201465753081579408167503572563130826897527686
94913175166031419627412271620957829974512595073689499764786
51309830445539167618793163664040969778731171580041226555288
63709140625817884692390364398767943899441959633227733151062
41711111175895820421382268247158558623159366153128943219165
48928211959762276658143596743190469318970709546254984802349
55018692311293664029290996670086387840042890442086248366177
90643020633059339203224343651607943257024658684668977153432
80772170987980118148551579281644492135430015252996137723601
07729210859513145995246165942271641574763236570257188061170
63487629262732360083125256996543432189374507796744529154278
94712722894704464813147441242211665900810057217233044387008
73736053316468302928700555720019069943199870645446550624282
17271171245920681242948105505040470592410528835740065648454
72456074875624763472596201955416308086991308656786967875539
70081279117686691949683813515098808520958276792948785481815
84339038957648028985092572460862530061488862865030657198657
93656157955982572991894328947716189620569354672805441856350
18462634426748571556088844337677677518111958796316841853639
12337497661237712587055753677142553545280102361912882466084
68567360849341333119579933540423335773588963780531839093444
28049227035216223087149443606730042311797968286390517195157
50520976559027309967099890200513002263326473818452023997691
12952460615572933669965418267875614644743693887290887894259
92271475632620666673290809469862929534311107624328164327360
86308641338648646683683340341174172433613790860478805680045
97543289332721406080344475032843441146117190967017625398428
22668646838817061002536499007431738470008614817616431964214
60919937381887765482706997939841539389749094610308060895210
56237233733955299064854565477711132351150583518723974869707
63522933435497256100301121589126783284926464529265711611514
65300344961441304070786937141792331166624769640876354873990

17477537102018211428142144824621320489013665523144244134042877529811835667348556593691796255853153675107980671452796637458994210311881547454807524651853170218249967058200928170347143305649061103029660077886218643958620309126219537459319155011169133155954733941172086135358840520458592736046321982702240715420614033109614862990759081033133065914757495394365387018430653038342790401430598298810968662879396068421340105866813687700862550410669655362243076097486920666744068427555947082594037595454393281264615197860109409221003946623938100024885780821530539641236263035680445023302479433432134418808431469281618392368201869189398393330782579391518765988615852658830313054820647419923861166216919045975656253336318446768950752992586777308978113220554526893234119637741580704297917296184933765166937562151464881384172662171532362271080278418137745960978655724521653492678760880091880707514451795591893207464840761990517355858488913303280635078797052313167676931577373187959490721237263799259715349422416504918609591639298051537541530560108354141244266350884117088954264409770274228232128737818584813773935509749335551140624466436894204535523793022955699025688892472476482856987927771770439584369247240062220941325554943292326806265100656067112487799788039988221458634529591716662481653228741155327526411248966562365362717905170820153100267353958824702235281639972401534641220320257977808273135512050193684281552081855499751491511016991412711608445400907620830051416461882552963462036087371679019058251894683895404682662971748668008393029512607766929924069435225777438631812759679506943700156062505627855914341512413394030327712953253107118617480257722349489292521980974308952122314619576662075923556359726690767986661233291059527961018343106907702032228716252083611956494811752997132749730597835528521285785478442861816852571073997916448507379463019479486010937938364054003035089249948913801089313227030643660409213615225175033647591255299336234508746206252211615213453346405907315273240795593956003274879097386942606636143145093479579364252820760576736682245561277978857985090507465575999523325768019785164732223573444661249477999064293351032029241706181476957105077280191727166542272028

02454806556829265624445710748443438092473558324059572792813

64084487665128579906005691803558021757432822372098296405413

77132888840113322856123276424758054914145334004307351368200

86417445768839062419201865410225266970615389099907254998428
54841956681924545197470930614227531512984453091827577151361
18167303580932146032258472352811825504706062154262243245514
46896457269382316655525095989504109342537430859997971370042
58858340304497267109629969763233607776743734798788356730102
86471384545928791637490145406647519394899352212362474366131
74783048688463151603659224357676276234466653958979646879055
29239027020107572189191382148316268524904958486754329312418
26413466272282093653277283976675572672897319381293419430572
39620723292007186386746670306364601331111164254680251228943
05331125098538601201236070449699785210958598753293032771622
67982305510767692680002207418849030165005038534475971018301
67378268194361241656963925229474103574318517658365603412327
64339009565118632607917338991262772072135161752222552418296
12433962825182328696862544411862381233064034533155601640695
74723203836514566355749873441168599416165518249604259798392
67816131483180902534507164666442670262761185976491324768295
27278057032238343515063672177066376374024903046590962859602
71979725537800141820199810181398125950423486624834404392113
64872366629202063939628845314483748901026084036148407312006
74156229159669636694083603264334149637120985454752501773669
60197146178464515555994167263739708586495987795324215832821
84109391640528356790706864210780346607571979891481554005420
05107300962796234727249970112217781656798449194332226334150
33856753082446773410455032742856115745538742140007192843017
74473142300983657607515512777962810147220530668174203505967
94105098046656313637782517247091409925552471036812670513824
67521172005284942952197488628489852778783562106004878127114
40634990881645924451898010442935708329047220160726966046198
42607722478310717143909349289737950750564710538029161874918
86994635301357293501873206687311501731531091296794862549795
81512168220757123189190913833835344710236597944808047123388
27444035053467999529133546094139272844651391190836076226579
83981564246382915999044162845276818935327913567474032273515
06890987754721815574998488346694622271194343513957275609331
87767215742857830330183042225170496329716122968367527489832
94723150697497887414002192670067206567729213108493572940763

59289561828129001109784724328303846519743758573685912309817
83603031405282300813026631330413992533992179415764798534708
17863611377200140857083863943770352918349740374183511622370
040173188269393263087505487566452909326566050302439445362272
79170800381578513252902365105680962589179424001638714961212
16946992544239867472620600571311538783883388307801653788387
75211593119449359569491793940578848860623959444184972892872
30849557926072113297712137238869698636023682916222546471088
06210944791323990154066781602893469428215506272126054179829
17817382489199733829530168266790617780135336504718863397842
73533585623279185357977922662703802445696829686254911874868
53054978579659891848621862374855639353215630489928348655615
41540649512210466103765481806025067654913403327386294169117
76263813834785118364105699966094920204489502629446168466855
10606624208831453740126877947813985957776990398770739941703
25653193556130005281435994560612616083223589903248956595675
27576985324574403560761288607968185761977178876556198523752
74472235992720206023891671879081470886706830279398976837802
33375796837484716792042056118846144350842383697378594825884
97825952141431676898495921319389412875069596149193271147035
87453366081494375469714291952903101938943563718359374914830
74230449340295962811166523899581106000938622216226552529766
10650745271358949733447407281673926348622262971347155532936
24445799465082319790876907445852537034570900774408153416786
38701480996741240038378085234273977881746910805353305091194
43313873040838043067506030686269532124522901667503856318585
85931743776949415741081057274944438400139915229529240168066
74584246966055691076975969873109507845182518576898000939428
63712191016698078851710571144669507031273706962004730035675
36823520581524918682390839740880926485270458168006391534013
49373525471509235270441619265721100423458480853223980930819
70121586417329130532589871715885516842060650340556996859371
59156219395459555855700934771168117983599584279819556435636
53093890509419646418892434176612177117545737144294027293771
77659183107443058151531596094826350633655723861413920813075
41461074051274134813889068752089651754728644348902015018720
18366138417280798827295820189774861263383603711094140868044

14638189975514419051152014024187628978688233866528874956474
01107245990553799217515564781980918495587675277828080382262

661808926386467940279365670385305779912988573944783757639 09
267944333650549677074228596380872187039958271475800044022 24
042140033035903609605480047188473046782868077409898322252 62
453168032034084435109374319499380299081241792110805423927 09
654258219584858667992411578844781521955749832225833567422 67
989600980320093548651085494676767134053103434998643497580 00
215286835835721365978208435732604661260570464409200520643 74
880868404199958540869747731601750539025306490362044945847 64
408820400538605715251822177935180194147116600865329482810 60
021915944692783460379829268818677784883782713148160668128 48
087479043023420037713089646478178559946183751062068844135 86
284506303464419139428937623547427775867690146782289070060 92
683252250324639953337566728997660254246597951963260902742 61
515748186527819297798368110133133965162579331841940702696 49
889513869239612612753695920602296900874208347208408331884 15
826838019383358973224335136412244321174979404766824167809 63
520356641543325415096450197791054146094374981599044579283 80
288801335624818140726114232759728948241418870259574549342 54
722746989976877162316099322885042028070838100814091887352 63
331835842074074844657339783842980534710600237421998721176 26
833349092090738653379590749280892830301072075504724508511 83
334676304759820661789998004462744803370196555021320441396 42
367450695370878169737996937906163784820116979627072127035 84
804794885806583089632312886734029638482411287659521853624 11
256969749199057478280326299861231724793050323637705845698 78
577453161038667067555844068240891051181842902580329851409 61
573315387563114385477921529836638382158713588240820127783 84
097362326475844352630281664756079993221483927156321249990 83
709893094632955985992872843352125242743349437902382494944 57
851649361270326423390945448086200283535262617529818355252 97
880465028135399112847161281153414460389703165467739525876 53
838444574611035156164180927334625414221790331071472031059 92
949538959584368857734894952259821038315964206232730714837 16
691798967444541841890372511272835300592982739374737571099 27
765235637036064734872478483968420374230975899887438787654 28
415935659735883450609361299244925874676915428045981328158 25
872999110300780631592481722052213206010771492336601003182 71

00667272664889495509423368979354810557964237715449541371774

64923773072793032869835071995091733622206904266211379357378

955897310518020709156128212794785768231503099654870137801420
342350862188944511309174155201212503779765726305117588445579
18166124319147934998793718897466767778272433292270248264548
02849998567554945269468703275037839400366514426856820813090
20949057899622100814077366965566279789587599381603739294081
89832602311979060514597803844941218550734723444046413633317
14829781976698669655140051818454197633105563504488497134223
603391300589797173467823734723292305173885050046360256819980
62728258112455591586015018439090409864180971710075461884773
934911273571127107533095079036197946170873344664805241788806
067731106455884142874312055368645075413123789205016418245598
52917028552982349175681519817495356504045373588004097369310
021016197409940885723368139890685230580215225783079858444498
84900267221549288886129250288528135271737803182076280866581
987021339186121133602461873626491285983857042460547885994420
824018091973627117515404746563411804862886439875110526018600
763208664032080058809812466828727691582888514535559929721451
343188177166455645026663362751571422612127028290235870314678
624273023359989513383310690803679122897592232090053533983610
52808487974347050510512429799469695877329008120707972879653
58392324265767339214438047036170652959567299323441686930920
186625715820350459222746011334917847686783106363023672435537
093256269498230726186313109105016432061267424608679167037793
094066960713544777204124017138715254147871337456602291427453
682810092920558890079508483723267871865955621283765493043122
746445977381115639667409274991990309678315704437927396416667
510978926409311746824187884653928794391428071913722819450621
119960494201416756751415522656932859693990054101116477675292
564944042879583571003684509070345801908749999309273423323790
664741074628981171010402778833821450983160613718505842790389
539496134598694553433217338838044229221868482471011714851583
471060997578697619681601243733023068446927105578932616600129
599349859749171845033446105624084001095249031129151310207353
660669914250974416710891804427926385025576622062566434705688
881209134312965478161984539675154821081024416062444931858735
121428601085815587151941939765526106247809254081424759646627
0191943785507186983496876926575 17

13501764020035993835301783027817671022024492886556546201055
95674157711590472858301654225614200548268513719162768982527

945291059983347241041854202720851360543073574876227384079200167634661510906147191081330087692439890505428382858717459600200884576448251903137554808601794034109441898837265231940718313705379983523443759548981321534240842874824428098988804719710545292339984765517177514410963503314438415742836080790134130163961579445590873662789091442759845229763054393408666782643140163757170561881345065363728887368457730018975435386415363938173762901822963330494418919406597305753851213398627564624984703279184151114912113525010468511900896117079021888918806248825384228364119065587480883812073123231413442333531444336096562719210824764039272060888862628525885199283013330589057652728295714261949791649958943631773247495809598414916399608724055940589740951851845370108423911078235447953897722079752261759973799318017660258416783458521545313578584209699130699520991878609886124440106074119863744715309935103342861637568094850359275704744265896795661933828768847466738762703577987555965494014662899892099869716485407230339888393676110133037840451130783799704331160533262199544257703071039684397527969197308128025112622360077540005130859749830464540495130970480342613835409134454056413410146219371605655280444840088045303964949297382686502274528229948457746734337867550280099756051009152886664658790262577689571241879315839487297388771483538424812931191683160601354302997848368635277312029030297107783027747389581346519427561606674284360702040023876861045920776965676267878197065606120339730472296548137344619132198858923218674391232241525774192907822570914140181569572845738336229188507948683294933053359319357209167636459558136799238696355674929865113248271394607316285501241323117372648773982965149234267413224728863284602104136696664426772810414959430276723876342860664480790484267719159856451260861870402572744277451430790173615156177315157500598839964014188049730699755066910129240753037495815578462768311483735161008264210568687863568408589201192682524370390352517666900923840826467526170926026971040704714815310205739799768157918298128923530414649198759361563221245168274617227796815733025325573522302296833982779941603482649856938263973605905623213929485507427648532942671058969945892642144

196000845353331145040686537313195714843485415041517234706887
159665889346879477616050652520532551887794276200067792917 42
862951480363937155624921492192899450678409720543460019562 98

67734474340283580315374798489967619249699851822401768193052
10022455108578603846905687663641289089751554366506561650619
22181855860639525635204347894591616798123236057496837482343
89055596433504292754772607193219830825380715538852177309242
99413144190263558021105357988665362641510146460711985598292
89549075514813694409360717649426291034038171821614396041769
85281732820882103690612597704683140598765898142685317003106
62742574082809102331168159759586548561781614606434476519302
87173430092180010058739548345440376276460138242763405329465
58088847737466836256169083430972700699748178242457419426260
77709798914229003500843321192397735909559457468156646947811
01010369635694686789030933757110276208660708782106555537792
60881641337529391559615391062381538131481317662760323198880
49792167796110491023883227506396471007696524744146098226259
44767297584481013880841014521593298873538518073069810094601
26167868930860243784986072082802669244510981539169597360182
13287944079223067584129848490365630343690870142583141989910
54139852269307546695019990277201199343809980965719482859198
76724145591715959557500060243914734649999094962280732089018
53177416621570733389283886391644137593974177979961906452774
09657976928253653487828864697225365575452522803168847103926
94299440177441505654108392481853809722462655146890300020782
12754945052791543698175496661875134783191865741255835539740
77373341601561144528150171617511799963994061191100863047047
95713409531582791149697550614252596618790194047452875733438
89299080029769877893086987339902732472293618765193297280946
39215880105812091733035606960882552321797005760004159044881
79392298445358037974607129470760820065151683365645124128112
94002079114608274243109520336002850578510317812969011196732
08609949003674260657883323675998903174678418827376211282261
50437357826128239235832602350621502538812050380876107577923
41102006638835964616931815750428606621212402530812757970025
78725384490578740240767751761182828022057007680331731437332
22497208953222317699148309229185252467490518771658719283391
45127222439107688038146764776825605199162428994666415868570
03358971005817274611700131317272015264539575067017238873314
43852719496997537245850451851121245323760092430472399543989

3327632584741996602126125298056618497682305041205726830278
8959012984790370101236347773267203908107116393032892689698
5898027604285309812579195732408053145359995068028164763767
8616204990872205057179263264470138021032744757850959815376
9279437353995599069201108684572761587374741497813219922100
9794636168368837698006801932672463563313936198022844660290
8257497088761161261939179889891414720360559936908838930580
5359369339114503166658376790682533810154946336850527021605
2865898969422570963534549240879532449834501523023103683349
3083408235168291518964166715750476290195346765505045433189
1572657051498776384149079126728380317905379403906551343242
5793133041324948076088104697312495453454578562643292457539
7544363110660436528940344384293413102992185638619690395362
2936190101639935285350105729932771839446878649027719241196
9477667967432169166174018371906560463900076521196114835072
0755592910178537877056954207460072534754632987591800830202
7150297749789152839894533255407195166657532309264951394211
4255404511537786456966234680050010557665686222565597532000
6948536438622303798485693682238749031954900491665783397436
6986091833919987237194725884528872540128464505663054723627
1099264278570245829223730422001039892514376074181197679980
0496115848890313657440481472776934979335196907912412868049
5050177445358305674042673285789757264025168112914401728938
8939060078622033980666196507858085348249079437151059318692
3206404967386563531281304079107222213576654821878051985853
0019883207194602635121427993700694070856559587246813655434
1671216007026774829236204014529850560212244185483378259554
1641910011069844160611193613415728438557376822437027368021
0549049859651658297294455519182415160406551183970720272020
8464020439307298630013905543486080572720871181258779384498
4904370529210374970100166399815194947629499986428493736752
5363175218833130871088807978839241770462788936077376914701
3802057889504947811588756399045026857550561741605589946250
3460092102109352130947675934350822422873652738883742321134
7106010920493956173174885378022731466288416038867881534237
5391560037740786683286939848348080670719236001585719202923
1113417351022174559411995983544456137561917963110704018047
4480380943839754826744551977505936659

32950078695139834792987338878101779456081754473813559180829

6898437300360143129486649262310772749037059562142587514293266878284788078762847818624595678168662583026820364459788509
82950892525944172113535585941142399515351241488610058114813

16260215193217278125010153660955395939482662978500964721476
96304142092856083675536971457674465825137792689300349818767
30953665615409401818121381451571893485211413763239747591249
35970455118111351262638521822684142229057616723362217416385
96959428555841526603258173569687347871528253854686617083171
56789798692079668579385203867327936313110970175090915363971
57747854669238984188000859849849311591372836081341437393598
40877268138815763164529904003317006143551587132104849086040
86309955458293249851269415089658896620196441030335698575787
97191371874747941989023985576445427531759127821820679194009
59794488980216551994749107670219496596100713430683605884398
06250293333929180504378749584578395597521918499399156656842
07644401577026373497360798043894373233710357794629495956975
28642416907667162597431170280130433527213920989591016293150
31440616760330448713108889303292520953246042438715807137411
33334967521894678420435201200510171558881014072790337090139
06082962325736543490225158571597343839643254968282425392777
12422357476365147462686304216003673739057280974151802633253
64778806297783650316962478876630494658904139814536834964837
67637972403013154653988084173969361425867179381914048143126
22118490104771070020651363401986558245954915189360886020775
43374425879392350378338502501167727052720609919380261179501
59381871004394547864261178425146172560272380476328699796611
31161471745987885542037896030485119369471921087749508553862
89958503777799044798797681917449414290009803597502443144572
16387987325933347484330457394081255124793772083829886046552
48714452068120314432872021824917133324123894130322035955727
80514404956058136514098616007905100746445574326539394539164
73024455409044935918995009300701806172333716798202231732619
54865526065376596240693939127964089260841611488033064649940
54074645973148240396568634321593129943937077821600270955871
25926393806265309063722715903021445408278903536701670981523
89832704238400163481012749869965938331877195079369730835694
36728856506110250945352047041905954246820198982796106997322
62136628167363122989056247377762923755761011654006559385237
27391506690645767946392058971652286497743450228414035088808
30934461816836667371572514163826056268400920108841378388920

76012300086402723310587403779236807772363376099963345491422

68215345051124474409469110451163239958515057551231258294012
36747715157902678546634378329976843751816713246639546430207

44391199345027206577171521049912790899211699242640970409416
20723180394969416889854265615303280722468255424581111427009
57323271901559885378957557116192459631233900138923872721527
86124203816814896467821416667587669182854585244394137306771
46403734330940413644769293578325756754722460492377254530663
12261405501756381159994319702788365614699745356186625199217
74758789668022046667762597743833899566039040362829861482702
13861905360663668457915145149129662414918969008081539878655
83853781157034266034430482255013197866047676271115191413296
06396129679567514855605359664271764873387754842166807326793
44682737453566108015086057433991986215295787876111855924472
35271316900900727602292778572040739492840810280038898566540
21555633375622291458982640581718488090352195923229845591916
94639295796753009154987109014103988738347924936289310579711
50462061769010546893013669125649607645519105336273179156006
45964827476548057231889471398410986013028648665616266629576
25009817839445743520393794916318616232450841043616455539817
02333968280754081606767892350510276470520409956971481930783
21599322556225791336901779370937542504178257657070596223970
54241206716418742464155756617817518321100918462648717765091
19033457230778731788048493776544253945247149424091479337073
51348787631457698510024967498296725718389578378464947863985
44023121454640702316093210360555946195476083184107815497585
52449473221438932052337349758294772936978542447331921658533
83175552249465848759397461203136817692491287900551784037075
16106150863284334456738495665891503494240520078974138322121
49246717980852846342868204470275783698828657304473701798754
98833918216443632043836027526113090044610037477990279490761
24599381124051619199605965139007790963429358311903430562435
67157340950561636287482782058761548998813622840063195111952
01780809674906704976589428203193245913242559617114164316694
41618015524066188633117399506879643778155380972229297459868
67436434377244602250082170131493699181402454209157676839550
13168181074034283041126865254986803264579323184502950977452
01389805535819414101913198483386798555481994017166158488361
18148504918646756391772863305837466512519099517627862182217
78373921604284381236585503598776831679887691766786403769600

339672806404573452597520193285403903843278475185561475310 22
636373359384639799945119773456856654467428389581911035087 50
244754207501175472655793430406416448164000185489617235736 98
765002091463124400680506656182113202933685956754722666466 02
468685420080392607405662982996622827886673306450655032884 16
293882956258875540969468070706581219805085789240566782073 01
913200670603642168364916525631353776254830895948420536098 72
295558275245931500943341900907815467112257271079852122273 75
561583261030239205316792788614118329822645975576534045423 46
104902957223958753311957961950228946050308356974031984824 79
375038973982795389920689718912962709702681601799948823685 15
441024906345037933046385059805006893688509215960924934546 17
018696647022532619388193016821226484368777952396181368777 35
017839876014287972084836641077328764288692535871469783972 61
888103384503337118151711484715753572829111377136313197782 12
024568460969777492196379684737496910945644214623527467527 26
128530180078957354303275355058900276072417108242779772273 27
359006266638666960135223025608509729963153757824337925071 62
172074406333137963875171443926623811455393900438867851842 47
175875379030663666093268883193121032320723514090703360541 65
750822090603372016681138850314684644519169504365588661521 25
950693828434458152870871228293140727555933699681210990351 59
101642125607110757656344306351170567316743528958194754952 16
114251931100258904134528900750775831818122670748616937051 13
747405144794546197953017476006106793453483773940552135929 98
818346545867982587586043173404055460118233649355330635908 32
243916668061210292859293099627572450312748943909642963320 87
307746715007773300833934315885963701244337695776945482607 71
609767086154816667942389103506090461460441303968713689488 67
998350878040680643816217724063479178119162006295777701399 37
093439443217249722182319521253794132602753367456855860884 41
059085112302706065537968948611903334311829339108761961856 54
145709689387436957061234280197733557389624076816315844335 84
877073360720706401263672416841255098300951381957688615124 64
866019104419000405387333567120152878262611453144400194905 01
156417180146235530033460802176758915614799503714673327458 15
027281127211826466922555444131883985950933419623985945561 18

49476747865322071492014140435873483891207105258163644906920
39881387927289928539884606794699973386287843222510037432806
66592641993060846936167567748471799555382249785746556725055
67489493096000388111650259900059937401738666047062621238852
84817010946710138768352200253700490944667104755790008627486
99860758010055989739775274853207418346619399378999761075399
30251144261568920485519723078407582278483831235864781682863
47239705070337701551080372168639415071758912025235200309364
45381610008908813050203916934115910823275492996997841354483
32296718754241822465520037962279043106977024167654829394976
16404950028309838939426022430461690484355804747722403871786
69349153928857863022989243143684173047030157010902306067503
70244720033264134872856010032197236565201590949293414826212
29998231733207306487960120379727647315563630376092938373423
46820918332034208803758319968924099274936352907356498472392
75179648356460381131807445271846223458597944972284318052740
62500057844200483005238238751084855426648661840587880464120
68103591989839609872713115064108184549045557992760943542184
00671764535486151052824756829626859818060293772829879244252
94387085412073102529404983278917912774900315217552148825260
34714160181953845417671180625218368758194154070367681561576
61817204779986923314640336138033465204018426158039026418253
61857224684486061288736869992720274162680637666211206929034
61969545811364344741598714018921166046622658266159054206976
39435931236620455287560342165003473601194342256149140320157
94171185171542756396517256864538467095452483713059489858255
97452775643783720939037376064487578053808966666139918396305
54346351531548185886779262912725363426288985256854464698144
97461892414958636636719814006506858886086022426733798812768
79694064970299154524527213257542819532491731150662085866520
77490952965100753404049227356548282957025690629358881690414
65106971777242095544613025854381786304850806058990637380905
43069502613842422270537535459859099326696733216515194817253
45327473336027447258527245394785787049054847586331157183663
32359132347588259340641521039072871936326796375928473313161
23397815498565077459574263019250136134421817786573268459498
03925741969699998764598249567094095595490645143192997532969

9029290181133468491893973167337404737610215349790280131722 3
3791279986391471010573645808824964037793669144260225224329 1
8220359694796522963241504625930376366432840865616023121610 9
9027177979404824423743772421754532743690307492626172588806 5
2233261410603381653209323202669910870847586819856399049857 5
0117619963690596992541043687532918190720041575982623454667 2
7015736971133357041403209379345126606070799065586879616157 9
9849341095409032124365443108731615863757273748174501786655 7
3793984866922911759920434224760064859760054978280629418739 1
4749664566019768926361659828965655744580409914268909472497 0
6735220470116191536009452736325306664402010023201873227819 7
6148686634898913273470144482032429311784100915283333037691 1
1970512525118902970829429748839813714997780527816493437056 0
4326005352698106918986588689816108899269920434547815535740 4
6529382255475792396512578169849867342182185312407343115296 0
8214112091999406160101582191273730165017695811861903668977
9275690467857101810593937314388119291474944356522189626028 6
3258663651901745365921218638768107774209158364690909165182 7
3980753103066499806244849277475618845297329472713914899726 8
4077858977868656048723305752422857172473443666741818123270 8
4159179147861681978003287524219464801193159379351523941740 9
0419098412578099090388940779420467270491534500024860427455 3
0730683647222075893082199445234721452184282562092914376814 3
8780213969363997860221263221098220773571441294126406537652 6
4285434829706936551168067283061481553500677992734287467174 0
8366660205372922048484087025230125857179145696657952396359 6
8627064590372072680587943981340066767014117658125223348104 8
3868677174058797368961559962178465497307393409546604314586 0
1540495615776456167344721264274687461408302063879359804284 9
6622472232550466095231768172458636261128483387407650758288 9
5677458958873610951974207232126233355615193382471760218186 8
3895300679750212076904388381283562581450125007119027156514 4
3462706481495059019699613904056079067372607241129244719947 7
0283848353186332981761999473128331449159687775042903279770 3
4761938062955123840138422910035767692969859590544398289266 6
6087801034405967055905207668370210159521951394544773118741 0
7235279456084435494667607928826819356764666589161362140424 7

8564279268156254485063166852683275246560027477652412794270 5
3419348280546267028159924539124873937558094012591977834653 3
6557356259376680876997525746027021669649252998377538196938 4
6254708518861510475226475136489188335738189169712195832681 0
0419576537702119211827256650889668246750486669965988504204 1
1916153320898856723809260181428117623447955829428808581369 8
8607372754974912130687437421943014866766259691695195368856 9
1174938231969755955794021793887372251515997140544728970839 5
5103654866628196503684868466103927455684143635901777440387 5
6512080771456364877728443833156357249683675631481039438968 0
9211928233741450761863056577773779414533302578207887933713 5
5232819306677810347448788145330227671159824630146773913180 6
4699017145323181957296401713829934458665281042390292044042 0
5030108503722889707226673204164075838352116255472935420977 0
6718652620762946720436336432735056632041125212872258941499 7
6280468914855507597361465051176412579302836974532036046506 1
5692381197213251056180613452134381768173276284141810216441 3
4170249175584365681145479777519582806628442497503791747723 6
2042042450573630609111548402426995643360035301436665975118 2
8032803953421054049191030567314210754130235793487723423907 3
9593893004368913281485468821970534826806406133447603574659 0
9065646098009717176995752043755635452168504422439082780834 8
0721568003121380513744755738663358066128982569525355723266 3
0739519540636979469139273919509297099291348801486760727149 7
8516827026905071076789657653044046336262688872262742931202 8
7517384975542143150499890745646121569554253570152014746265 8
7358829154486936716821097263877036692987627033326926764051 1
2356591787736324770461161187528378640880382801363490414508 5
1318295587380336571592375540437403660094312662493744735018 3
6940883501231805702551089418469366688303806236043616899868 1
8150462814543993708439467237952819530328860609963154780541 1
053

www.ingramcontent.com/pod-product-compliance
Lightning Source LLC
LaVergne TN
LVHW012115170826
845678LV00014BA/2944

* 9 7 9 8 3 7 1 0 2 9 4 9 2 *